ヒトを理解するための生物学

改訂版

八杉 貞雄 著

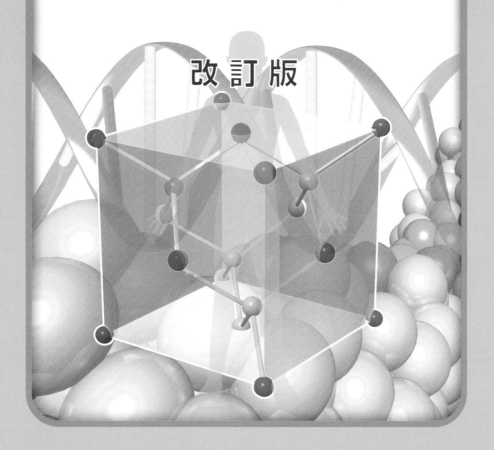

裳華房

Introduction to Human Biology
revised edition

by

Sadao YASUGI

SHOKABO
TOKYO

まえがき

　本書は、大学、短期大学、専門学校で生物学を学ぶ学生諸君のための入門書である。高等学校で生物を履修した学生にとっては、少し重複感があるかもしれない。一方、高等学校で生物未履修の学生にとっては、中学校の知識があれば一人で読み進めるのにそれほど困難はないであろう。

　生物学は現在、急速に進展している学問分野である。生物学のニュースが新聞等で報じられない日はほとんどない、といってもいい過ぎではない。特にiPS細胞などの幹細胞や、それを用いた再生医療のニュースは、私たちの健康や病気の治療とも密接に関係しているので、大きく取り上げられることが多い。また、環境問題も人間にとって重要な関心事である。それでは、私たちは、再生医療や環境問題の基盤にある生物学的な知識をどれほど理解しているだろうか。そのような知識をもたずに、これらの重要な問題を考えるのは、時として判断を誤る原因になるかもしれない。

　また私たちは、この科学の時代にあっても、迷信やうわさや宣伝に迷わされることが多い。多すぎるほどの情報のなかから、正しい情報を選択するためには、やはり正しい知識が必須である。本書は、そのような判断に必要な生物学の知識をわかりやすく伝えることを目的としている。

　そのような理由から、ヒト（人間）についての記述をできるだけ多くするようにした。書名を「ヒトを理解するための」としたのも同じ理由である。もちろんヒトも生物であるから、生物に共通する現象や基礎的事項はヒトにも当てはまるので、それらを理解しないとヒトを理解することはできない。そこで本書では、前半では生物に共通する細胞や分子のことを学び、後半は主としてヒトの体や病気との闘い、そしてヒトの特性について考えることにした。

　多くの大学、短期大学、専門学校では、この内容を1学期で学習することを考え、全体は1学期の授業数に合わせて15章からなっている。また、各章の最後には、やや発展的な内容を付け加えた。それぞれの章に関心をもった読者は、ぜひ発展の節を勉強して欲しい。また、簡単な用語解説や新しい知見を、POINTとして欄外に記した。生物学の基礎を学ぶ多くの読者が本書を、教科書として、また副読本として活用して下されば幸いである。

　執筆に当たっては裳華房の野田昌宏さん、筒井清美さんに終始大変お世話になった。厚く御礼申し上げる次第である。また、カイメンの写真の利用を許可して下さった琉球大学の伊勢優史先生に心から御礼を申し上げる。

　　2013 年 7 月

八杉 貞雄

改訂にあたって

　本書は、2013 年の初版出版以来、幸いに多くの大学等で教科書として採用して頂き、こんにちに至っている。その間、採択して頂いた先生がたや、採択には至らなかった先生がたから、内容に関する種々のご指摘、ご意見を頂戴してきた。この度、出版社から改訂の機会を頂いたので、それらのご要望にお応えするとともに、資料を新しくし、分かりにくい記述も改め、教科書としてより使いやすいものにすることを目指した。

　主な修正点は、ヒトの健康や病気に関する記述を増やしたこと、いくつかの章では高等学校の学習内容の振り返りを多くして理解しやすいようにしたこと、一方で現在の生命科学を理解する上で必要な先端的な内容も増やしたこと、などである。ただ、ヒトを理解するためには、その基盤にある生物学の正確な知識が必要であるという、初版の考え方はしっかりと踏襲したつもりである。

　本書には、『ワークブック　ヒトの生物学』という姉妹書があり、それとともに学習して頂くと、ヒトの生物学の理解がより容易になると思われる。合わせて利用して頂ければ、著者としてはたいへんにありがたいことである。

　　2021 年 7 月

八杉 貞雄

目　　次

1章　生物学とはどのような学問か

2章　生命とはなにか、生物とはどのようなものか

3章　細胞とはどのようなものか

7章　ヒトの体はどのようにできているか

8章　エネルギーはどのように獲得されるか

9章　ヒトはどのように運動するか

10章　体の恒常性はどのように維持されるか

11章　ヒトは病原体とどのようにたたかうか

12章　ヒトはどのように次の世代を残すか

13章　ヒトはどのように進化してきたか

14章　ヒトをとりまく環境はどのようになっているか

15章　ヒトはどのような生き物か

POINT 一覧

1章 生物学とはどのような学問か

みなさんはこれから、生物学を学ぼうとしている。小学校、中学校、そしてもしかしたら高等学校でも生物について学んできたはずだ。ここではまず、これまでに学習したことを簡単に振り返りながら、生物学とはどのような学問であるかを理解しよう。それは、これから本書で生物について学ぶときに、今なにについて学習しているかをはっきりと理解する道案内になるだろう。

表 1.1　生物学の分類表

	大分野	小分野	
1	分子生物学	生体物質化学 生物物理学 生体エネルギー学	分子構造学 分子生物工学
2	細胞生物学	微細形態学 組織学 細胞工学	細胞生理学 細胞進化学
3	調節生物学	生理学 免疫学 協関生物学	内分泌学 行動学
4	神経生物学	神経化学 感覚生物学 心理学	神経生理学 脳機能学
5	遺伝生物学	染色体学 統計遺伝学 遺伝子工学	分子遺伝学 人類遺伝学
6	発生生物学	生殖生物学 発生機構学 発生工学	比較発生学 発生遺伝学
7	進化生物学	系統分類学 分子進化学 適応進化学	集団遺伝学 社会生物学
8	環境生物学	個体群生態学 地球生態学 宇宙生物学	数理生態学 保全生物学

八杉（2002）より

1.1　生物学の扱う内容

「生物学」が、「生物」に関する学問であることはいうまでもない。生物がどのようなものであるかについては、次章で学ぶが、実はその定義は難しい。ここでは簡単に、生きているもの、としておこう。逆にいうと、生物とはなにか、と定義することが生物学のもっとも重要な課題であるともいえる。

生物にはそれを特徴づけるいろいろな性質があり、そのそれぞれについて研究をする学問分野がある。表 1.1 にそれをまとめた。この表の調節生物学は、聞き慣れない用語かもしれない。生体の種々の器官などを協調的に働かせるしくみを研究する分野である。この表は必ずしもある原則にしたがって配列されているのではないが、まず 1 から 4 は、分子、細胞から個体レベルの研究というように、微小なものから順次配列されている。ついで個体間の遺伝情報の伝達に関わる遺

伝学がある。発生生物学と進化生物学は、どちらも時間軸を考えなければな
らない、いわば歴史的な分野である。最後に、個体を超えた生物集団と、よ
り広く、生物と環境の関係を知るための環境生物学がおかれている。

　もちろんこの表で生物学のすべてが網羅されているわけではないし、生物
学の分野としてもれているものもあるが、生物学が扱うおよその対象を理解
していただければいいと思う。なお、生物現象を理論的に扱う数理生物学や
バイオインフォマティクス*とよばれる分野も、近年大きく発展しているこ
bioinformatics
と、いくつもの分野にまたがる領域も重要であることを、付け加えておこう。

1.2　生物学と人間

　学問はいろいろな形で発展してきた。天文学のようにほとんど純粋に知
的好奇心から生まれてきた分野もあるし、医学のように最初から人間に役
立つことを意識して発展してきた分野もある。生物学にもその両面があり、
顕微鏡による微小生物の観察は好奇心によるところが大きかったし、一方、
植物の分類に貢献した本草学は薬などの有用植物の発見を目指したもので
あった。

　現在でも、きわめて基礎的な学問としての生物学は、一見人間の健康増進
や病気の治療などには無縁に見えるものがあるが、一方であらゆる真理は最
終的に人間の役に立つ研究と結びつくという信念もある。たとえば、2008
年にノーベル賞を受賞した下村　脩博士は、ある種のクラゲが光るしくみを
研究していて、その過程で蛍光を発するタンパク質 (GFP) を抽出すること
に成功した。このタンパク質が人間の福祉や健康に関与することは想定でき
なかったかもしれないが、現在では GFP は生物学のみならず医学や生物工
学のきわめて多くの分野で用いられ、新しい薬品の開発などにも欠かすこと
のできない技術を提供している。

　人間も生物である。したがって、人間のことを深く正しく理解するために
は、生物学の知識が必要であることはいうまでもない。生物学では人間のこ
とをヒト（**学名***は *Homo sapiens*）という生物の種（分類の単位）として扱
scientific name
うので、本書でもしばしば人間ではなくヒトという表記を用いる。

　一方、ヒトには、他の生物にはない特性もある。ヒトに近い類人猿などと
比較しても、格段に優れた知能、直立二足歩行、音声による意思の伝達など、
多くの特徴をもっている。したがって、ヒトを本当に理解するためには、ヒ

ト固有の性質についても明らかにしていかなければならない。

1.3　生物学の方法

　学問には、それぞれの分野に固有の研究方法がある。自然科学の一分野である生物学では、観察と実験が重要な方法である。近年では、観察や実験だけではなく、前述の数理生物学などの台頭も著しいが、そのもとになるのは観察と実験から得られる知識である。

1.3.1　観察と記載

　多くの自然科学における方法の第一歩は**観察**と、それを正確、客観的に記載することである。天文学は古代から発達したが、最初は肉眼で、17世紀以後は望遠鏡を用いて天体の運動を観察することが主要な方法であった。その場合は、対象にまったく手を触れずに観察することが可能であった。一方、生物学において重要な観察の方法である**顕微鏡観察**では、対象になる細胞などがほとんど透明なので、多くの場合それに人工的に着色するなど、操作をしてから観察する（図1.1）。最近では、特定のタンパク質に対する**抗体**（11章）を作製し、それに適切な標識を付けて、そのタンパク質の細胞内における局在を調べたり、特定の遺伝子から転写される mRNA（メッセンジャー RNA、6章）を検出したりすることもさかんに行われている。

　もちろん生物学でも、対象に手を加えずに観察することも依然として重要な方法である。生態学などでは、野外で対象となる動植物をありのままに観察して記録することが、今でも研究の第一歩となることが多い。

　観察したことは記録・記載しなければならない。これは簡単なことのようであるが、実はとても大切である。天体の運動の場合には、その記録に観察者の思い込みが入る可能性は低いが、顕微鏡観察の場合には見えるものすべてを記載することは難しく、その中の重要と思われる特徴を抜き出して記載する。そのときに思い

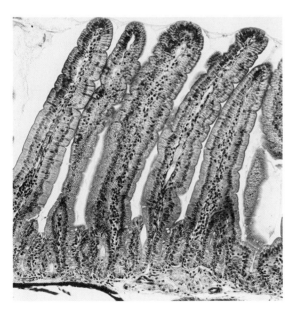

図1.1　マウスの小腸の顕微鏡写真
マウスの小腸を薄い切片にし、適当な色素で染色したもの。指状の突起は絨毛とよばれる。（八杉原図）

込み（バイアス）が入ると、本当に重要なことを見逃すかも知れず、極端な例では誤った情報を記録することにもなりかねない（【発展】参照）。優れた研究者は、観察した事実のうち問題の解決に必要十分な情報を選択して記録・記載する。

1.3.2　比較と帰納

すべての学問において「比較」は重要な方法である。文学においてさえ、一人の作家の初期と後期の作品の比較、あるいは同じテーマを扱う作品の比較から、多くのことを学ぶことができる。生物のもつ重要な特性の一つは、共通性と多様性の対比である。すべての生物は共通した性質を共有すると同時に、各生物種に固有の性質が存在する。どのような性質が共通で、どれが固有の性質であるかは、生物種ごとの正確な比較によって決定される。このようなことから生物学では、比較生理学、比較発生学、比較生化学、比較行動学など、「比較」という接頭語の付いた分野が多くある。

多くの生物について比較することから、ある性質がある生物現象に共通して見られることがわかってくる。そのように、多くの事例からある結論を導くことを「帰納」といい、そのような方法を帰納法とよぶ。これは生物学ではきわめて重要な方法である。たとえば、これまで調べられたすべての生物は、遺伝物質として核酸（DNAあるいはRNA）を含んでいるので、核酸がすべての生物の遺伝に関わっている、と結論するのは、帰納法である。

1.3.3　仮説と実験

観察やそれに基づく帰納法だけでは、複雑な生物現象を理解することはできない。生物学者は、観察に基づいて、ある仮説を立て、それを実証するために**実験**を行う。次のような例を考えてみよう。私たちの体を構成する器官（臓器、内臓)がどのようにしてできてくるかを研究している発生生物学者が、ある器官、たとえば心臓の発生を観察している。先に述べたように、現在では種々の遺伝子の発現を調べる方法があるので、この発生生物学者は、Aという遺伝子の発現（遺伝子が転写されること、6章）を調べてみた。すると心臓ができる過程で、A遺伝子の発現が認められた。これは観察である。そこで発生生物学者は、A遺伝子の産物（タンパク質）が心臓の発生、形成に重要であるという仮説を立てた。

この仮説を実証するにはどのような実験を行えばいいであろうか。いろいろな実験が考えられるが、基本的に重要な実験は、A遺伝子を働かせなくし

たら、心臓の形成がどうなるかを調べることである。今ではある特定の器官（この場合は心臓）でのみ、特定の遺伝子の働きを抑えることができる。そこで発生生物学者は、心臓が形成される途中で、A遺伝子の働きを抑えてみる。もしそれによって心臓の形成が抑制されれば、A遺伝子が心臓形成に関わっていることが推測される。ここで、結論される、といわずに推測される、と書いたのは、この実験だけで結論するのは早計だからである。実際は、もしA遺伝子を過剰に働かせたらどうなるか、A遺伝子の働きを抑える方法が実は他の遺伝子の働きを抑えてしまったのではないか、など多くの補助的実験を行って、最終的にA遺伝子の重要性を結論することができる。

中学校以来、実験には**対照実験***が必要であると教わってきた。そのことは研究の最前線でもあてはまる。上に述べた実験では、A遺伝子を働かせなくする実験とほとんど同じ手順であるが、最終的にA遺伝子の働きは正常の場合と同じにする、といった実験が対照実験にあたる。このような実験をいくつか組み合わせて、研究者は自分の仮説が正しいことを確認する。多くの場合、実験の結果を含む研究の成果は、科学雑誌に論文として発表して、初めて正式の報告となる。

**POINT
対照実験**

ある条件（変数）のみを変化させて、その他の条件（変数）は同一にした実験。生物学のように、個体差のある対象を研究する場合には、対照実験が重要である。

1.4 生物学の歴史

生物学は長い歴史をもっている。ここでは西欧における生物学の歴史を簡単に振り返ることにする。歴史を知ることは、将来を見通すうえで大きな力になるからである。

1.4.1 アリストテレスから中世まで

アリストテレス（前384-322）（図1.2）はギリシャのAristotelēs
大科学者・哲学者で、生物学の祖といわれる。アリストテレスは、多くの生物について膨大な観察をし、また生物に関する多くの情報や伝聞を集めてまとめ、「霊魂について」「動物誌」「動物発生論」「動物部分論」といった書物を著した（ただし、そのすべてがアリストテレス本人によるかどうか、確かではない）。これらの著書の中でアリストテレスは、生物を下等なものから高等なものへ、階段状に配列して、初めて生物の分類を試みた。

図1.2 アリストテレス
歴史上最大の哲学者であり、生物学の祖ともよばれる。
（写真提供：共同通信社）

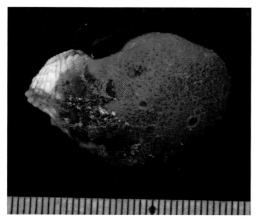

図 1.3　カイメン
　一見したところ植物のようにも見える
が、海綿動物という動物である。
（写真提供：琉球大学 伊勢優史）

その中には、現在から見れば誤っていることもあるが、一方でクジラが哺乳類であることや、カイメン（図 1.3）が動物であることを正しく認識していた。

アリストテレスは、このような生物界の階層に基づいて、植物的霊魂、動物的霊魂、そしてヒトにのみ備わっている知的霊魂を考えた。これらの霊魂は、無生物にはない特質であって、その意味でアリストテレスは「生気論者」であった。生気論は、生物には非生物にはない特殊な性質があるとする考え方で、17 世紀まではごく自然に受容されていた。

アリストテレスの考えは、その後中世まで大きな影響力をもっていて、紀元 2 世紀頃にキリスト教の考えが西欧を支配してからも、アリストテレスの権威は保たれた。キリスト教では、すべての生物は造物主が創造し、それが今日まで変わらずに存在すると考えられたので、生物進化の考えはまったく発達しなかった。そればかりか、生物学に限らず、多くの自然科学分野で、自由な研究はほとんど行われず、「科学の暗黒時代」とよばれる。この間、医学では**ガレノス** (130-200) がサルなどの動物の解剖を行い、ヒトとサルの体のつくりがよく似ていることを認め、体の各部の働きについても考察した。しかしそれ以上に発展することはなく、逆にガレノスの医学がその後の医学の規範となって、新たな展開を妨げることになった。

1.4.2　中世から近世まで

このような暗黒時代に変化をもたらしたのは、十字軍（11 世紀〜）、芸術の分野などのルネッサンス（14 世紀〜）と、西欧各国が覇権を争う大航海時代（15 世紀〜）であった。ルネッサンスは、自然などをあるがままにとらえようとする気運を高め、神中心の考え方から人間中心の考え方への転換を促した。また十字軍と大航海時代に、世界のあちこちから膨大な数の新しい動植物が西欧にもたらされた。それらの分類と、すでに知られていた種との比較などは新しい分類学の幕を開け、また、造物主が創造した種のみが現生の生物であるという信念を揺るがすものであった。

天文学では 15 世紀以後、コペルニクス (1473-1543)、ケプラー (1571-1630)、そしてニュートン (1642-1727) らが、天体の観測から、**地動説***を唱えて聖書の考えが間違っていることを示唆した。同じ頃、生物学の分野で

POINT
地動説

地球が宇宙の中心にあって、太陽などの天体が地球の周りを回っているとする考え方（天動説）に対して、地球が太陽の周りを回っているとする考え方。

図 1.4　レオナルド・ダ・ヴィンチ
芸術家、工学者として有名であるが、
解剖学にも大きな功績を残した。
（写真提供：共同通信社）

1 章
生物学とはどのような
学問か

もレオナルド・ダ・ヴィンチ (1452-1519)（図 1.4）
Leonardo da Vinci
は、人間や動物の解剖を行い、心臓、筋肉、眼など
の機能についても研究した。その後、ヴェサリウス
(1514-1564)、ファブリキウス (1537-1619)、さらに
ハーヴィ (1578-1657) らが解剖学の分野で大きな業
績をあげ、人体の構造と機能について、ガレノス以
来の考え方に大きな変更を迫った。

　このような機運の中、有名な哲学者であり、生理
学者でもあったデカルト (1596-1650) は、動物の体
が精密な機械に比較できるものであるとして、機械
論という、生気論と対立する考え方を述べた。デ
カルトは、人間については機械論をそのままあて
はめることはしなかったが、1 世紀後のラ・メトリ
(1709-1751) は「人間機械論」を著して、人間の体
もまた機械になぞらえることができると主張した。

1.4.3　細胞説、進化論、生理学の発展

　顕微鏡は 16 世紀末からしだいに改良されて、
フック[*] (1635-1703)、レーウェンフック (1632-1723) などが微小な生物を
R. Hooke　　　　　　　　　　A. v. Leeuwenhoek
観察した。また、動植物が細胞という小さい単位からできていることを
シュライデン (1804-1881) とシュワン (1810-1882) が観察した。これにより、
M. J. Schleiden　　　　　　　　　T. Schwann
生物のもっとも重要な性質は、細胞から構成されていることだ、という細胞
説が確立した。

　それまで、生物は造物主が創造したというキリスト教の教えが強かった西
欧でも、化石の発見や、地球の年齢は聖書の記述より長いという研究によっ
て、生物が少しずつ変化してきたのではないか、という考えが広まってきた。
それを決定づけたのは、ダーウィン (1809-1882)（図 1.5）の進化論であった。
C. Darwin
ダーウィンは、軍艦に乗って世界を一周し、途中で観察した多くの事実から、
生物が生息している環境に適合していることを発見した。そして、環境によ
く適合するものが生存競争に勝って子孫を残し、それによって長い年月がた
つとしだいに生物の性質が変化（進化）するという、**自然選択説**を唱えた
natural selection theory
(1859)（13 章）。この理論は、生物の進化という複雑な現象が、神の意思や、
超自然的な性質によらずに説明できるとした点で、生物学のみならず、多く
の学問や一般の考え方に大きな影響を与えた。

POINT
フック

フックは物理学
者で、「フックの
法 則」で 有 名。
1665 年に「顕微
鏡図譜」を出版し
て、植物の細胞壁
を観察し、これに
「cell」という名称
を与えた。

19 世紀にはベルナール (1813-1878) やパスツール (1822-1895) といった優れた学者が、生理学や生化学、免疫学などの分野で大きな業績をあげ、生命の理解にも多大の影響を与えた。

1.4.4 20 世紀の生物学

20 世紀には遺伝学、生化学、分子生物学、神経生物学など、多くの分野が発展した。その中心をなすのは、ワトソン (1928-) とクリック (1916-2004)による DNA の構造決定の研究 (1953) である。この研究から分子生物学が発展し、あらゆる生物現象が遺伝子のことばで語られるようになり、さらに生物の遺伝子を人間が操作することも可能になった。同時に、20 世紀後半からは、世界的に環境に対する関心が高まり、環境汚染、地球温暖化などに関する生物学からの貢献も多くなった。

1.4.5 21 世紀の生物学

図 1.5 ダーウィン
自然選択説を提唱して、生物進化を初めて統一的に説明した。
（写真提供：共同通信社）

20 世紀に開始されたゲノムや遺伝子の改変技術はより洗練され、今や人は神の領域に足を踏み入れたとさえいわれる。そのような時代にあって、どこまでゲノムを操作していいか、という問に対する社会的なコンセンサスはなかなか得られない。これは本書の読者にもぜひ考えてもらいたい問題である。

21 世紀に入って、ヒトの健康に関する関心も一層深まってきた。寿命が伸びて「人生 100 年時代」と言われるようになり、一方でいかに健康寿命を伸ばすかが課題になりつつある。また、iPS 細胞に代表される幹細胞を用いた再生医療が病気に対してどこまで有効な手立てを提供するかも、大きな関心事である。

21 世紀の生物学におけるもう一つの大きな課題は、これも 20 世紀から引き続いている環境問題に対する解決策の提示である。今や環境の種々の指標や数値に関するビッグデータが集積し、それらを解析するアルゴリズムもいろいろに工夫されているが、その成果を環境問題に応用するための哲学は、広く人々の間で共有されているとはいい難い。人間と地球の環境をどのように守っていくか、生物学の知識や方法論が今こそ問われている。

【発展】 研究における客観性

　生物学、とくにヒトに関する研究では、研究者の思い込みが研究結果の解釈に影響を与える可能性が大きい。人間は、ヒトは生物の中では特別なものだ、と思いがちだからである。

　ダーウィンの進化論はそのことをよく表している。ダーウィンは世界中の種々の生物を比較し、あるいは化石の研究に基づいて、現在地球上にいる生物は神によって独立に創造されたのではなく、長い年月をかけて変化してきた、と推論した。ダーウィンは最初、ヒトについては明言しなかったが、ダーウィンの考えはすぐにヒトの起原と結びつけて解釈され、ヒトがサルに似た生物から進化したと考えるのは、キリスト教の教えに背くという非難がなされた。現在でも一部の宗教では、ダーウィンの考えは仮説に過ぎず、完全には証明されていない、という主張がある。

　しかし、20世紀になると、ほとんどの学者は、ダーウィンの考えを受け入れ、ヒトもまた類人猿との共通祖先から進化した、と考えるようになった。化石の研究もそのことを支持していた。ただ、ヒトと類人猿の間をつなぐ化石はなかなか見つからず、ミッシングリンク（失われたつながり）として、ヒトの進化を考える上での難問となっていた。

　そんな中、1910年頃、イギリスのピルトダウンという場所で、まさに類人猿とヒトの中間の性質をもった頭部の化石が発見された。この頭部は、頭蓋の部分が類人猿より大きくて、類人猿より大きい脳を納めていたと推測された。一方、顎は大きく、類人類に近いものだった。これは、ヒトと類人猿の違いは脳の大きさの違いに現れているはずだ、という当時の学者の考えにまさに合致していた。同じ頃、アフリカでもヒトと類人猿の中間的な化石が見つかったが、その脳が**ピルトダウン化石**ほど大きくなかったために、真の中間形ではないとして、重視されなかった。

　しかし、その後の研究は、ピルトダウン化石はまったくの偽造されたもので、当時の学者の「思い込み」を利用したものだ、ということを明らかにし、一方、アフリカで発見された化石は、**アウストラロピテクス**という、人類の最初の系統であることが示された（☞ 13.3）。
Australopithecus

　このように、客観的と考えられる科学の研究でも、しばしば誤謬や思い込みによるデータの解釈の誤りがある。どんなときも、既成の権威に盲従するのではなく、正しい推論によって真実に近づこうとする姿勢が重要である。

2章 生命とはなにか、生物とはどのようなものか

　私たちは、身の回りのものを見て、これは生物、これは非生物と区別することができる。植物や動物は生物である。岩や土や海水などは非生物である。それでは生物と非生物の違いはなんだろうか。生きているということはどういうことだろうか。これまで小学校から高等学校まで、生物の授業は多くあり、そこで生物というものについて習ってきた。ここでは改めて、生物とはなにか、と考えてみよう。実は、この問いかけこそ生物学そのものであるといってもいい過ぎではない。また、生命と生物はどのように違うのだろうか。この点についても学習しよう。

2.1　生物の基本的な性質

　地球上の生物が示す様々な性質のうちで、どれが生物を定義するのにもっともふさわしいかということは、なかなか難しい問題である。1章で述べたように、かつては生物には非生物にない特殊な性質が存在するという考え方（生気論）があったが、現在では否定されている。したがって、生物といえどもその性質は、生物を構成している分子や原子の性質によって決定される。しかし生物にはやはり固有の性質もある。多くの生物に共通して見られる性質を列挙すると以下のようになる。

(1) 細胞から構成されている。

(2) 外界から物質を取り入れ、代謝してエネルギーを得たり、生体を構成したりする。

(3) 外界の変化に反応する。

(4) 自分と同じ生物体を再生産する。

(5) 環境の変化に応じて変化（進化）する。

(6) 遺伝物質をもっている。

　これらの項目は、本書の中で詳しく解説されるが、ここではそれが生物の性質としてなぜ重要であるかを述べよう（図 2.1）。

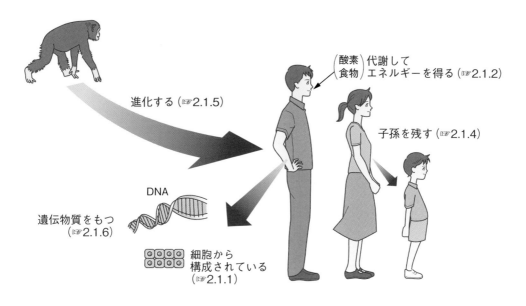

進化する（☞2.1.5）

酸素
食物｝代謝して
エネルギーを得る（☞2.1.2）

子孫を残す（☞2.1.4）

DNA

遺伝物質をもつ
（☞2.1.6）

細胞から
構成されている
（☞2.1.1）

2章 生命とはなにか、生物とはどのようなものか

図2.1　生物（ヒト）のもついろいろな性質

2.1.1　細胞から構成されていること

　現在地球上に存在するすべての生物が**細胞**から構成されている。ウイルスだけは例外である（☞ 2.1.7）。1章で細胞説が確立した過程を述べたが、その当時は動物や植物など、比較的大型の細胞をもつ生物についてのみ観察された。しかしその後、バクテリア（細菌）などのきわめて微小な生物もやはり細胞であることが明らかになって、細胞から構成されていることが、生物のもっとも基本的な性質であることが確かになった。細胞の構造と機能については3章で解説する。ヒトを始め、多くの生物は複数の細胞からなる多細胞生物である。その体がどのように構成されるかについては7章で詳しく説明される。

2.1.2　代　謝

POINT
有機物

炭素（C）を含む化合物。ただし、二酸化炭素などは含めない。有機物は生物によって作られるので、岩石中や隕石中に有機物があれば生物が存在した証拠となる。

　生物が生きていくためには、エネルギーが必要である。また、細胞や生物体の構成要素も消耗したり変化したりするので、新しい構成要素を常に補給しなければならない。生物は、外界にある**有機物***（多くは生物がつくる）や無機物を取り入れ、それを細胞内、あるいは体内でいろいろな物質に変化させて、エネルギーを取り出し、あるいは構成要素として利用する。非生物である石などがこのような代謝を行わないことは明らかである。代謝は、4章と5章で説明される。

2.1.3　外界の変化への対応

生物をとりまく**環境**（生物的あるいは非生物的）は時々刻々と変化する。
environment
生物はそのような変化を様々な方法で感知し、それによって移動したり、体
内の代謝の状態を変化させて、より多くの物質を得たり、変化による障害を
避けようとする。これも非生物には見られない性質である。このことが 9 章
と 10 章のテーマである。また、外界からの病原菌などの侵入にどのように
対処するかについては 11 章で解説する。さらに広く環境との作用について
は、14 章の生態に関するところでも取り上げられる。

2.1.4　自己再生産

生物はおよそ 40 億年前に出現したと考えられている。そして、それ以来
ずっと同じ生物が存在したわけではなく、時間とともに新しい個体が生じ、
次々と世代を重ねてきている。このように、生物の重要な特徴の一つは、自
分とほとんど同じ生物を生み出していく能力である。バクテリアなどのきわ
めて単純な生物から、私たちに至るまで、あらゆる生物がこの能力をもって
いる。12 章ではヒトの発生について説明する。

2.1.5　進　化

自己再生産は、長い年月がたっても常に自己とまったく同じ生物体を生み
出す、ということではない。後で述べる遺伝の様式によって、ある生物の子
孫は、少しずつ変化することがあり、そのうち環境に適合しているものがよ
り多くの子孫を残す。もし環境が変化すると、新しい環境に適合した生物が
生存の機会を増すので、環境の変化に合わせて生物の性質は少しずつ変わる
のである。これを**生物進化**といい、このことを明確に述べたのが 1 章で取り
organic evolution
上げたダーウィンである。非生物である岩石なども、長い年月の間に変成す
ることがあるが、それは環境との作用によるというよりは、物理的な原因に
よるのであって、生物の変化とはまったく異なるプロセスである。ヒトの進
化は 13 章のテーマである。

2.1.6　遺伝物質

現在では、ここまで述べてきた生物に共通して見られる性質が、生物のも
つ遺伝物質の働きによるということが明らかになっている。あらゆる生物（こ
の場合はウイルスを含めて）がきわめてよく似た遺伝物質をもち、その情報

に基づいて細胞の構築、代謝、外界への対応、自己再生産、そして進化を遂行している。これはきわめて重要な性質であって、現在生存しているすべての生物がある共通の祖先をもっていることの証拠でもある。遺伝物質と遺伝の様式は、6章で解説される。

2.1.7 ウイルス

ウイルスはきわめて小さく、大きいものでも450ナノメートル（1ナノメートルは1ミリメートルの100万分の1）、もっとも小さいものは20ナノメートル以下である（図2.2）。いわゆる細胞の構造をもたず、タンパク質性の殻の内部に遺伝物質であるDNAまたはRNAをもっている。ウイルスは、種類によっては結晶化することもでき、またウイルスは単独では自己再生産できないので、上に述べた生物に共通した性質とはかけ離れている。そのために、ウイルスを生物と見なすかどうかについて議論もある。しかし現在では、遺伝物質をもっていることが重要な性質であって、ウイルスは、かつては細胞として存在したものが、変化して、細胞に感染して自己再生産するようになったものであるとする考えが有力である。

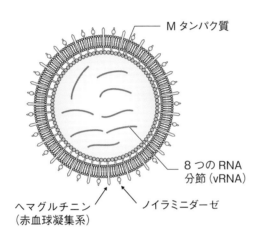

図2.2 インフルエンザウイルスの模式図
ウイルスは細胞に感染したときのみ、自己増殖できる。ある種の細胞が進化の過程で退化したものと考えられている。

2.2 生物の階層性

生物のもつもう一つの重要な特性は、単純なものを組み合わせて複雑なものを構成する能力である。これはいくつかの段階に分けて考えることができる。それぞれの段階を「**階層**」ということがある（図2.3）。

2.2.1 分子から細胞まで

生物を構成する物質はきわめて多様である。生物は、上述のように、外界からその素材を取り入れて生物体の構成要素をつくる。多くの場合、とくに

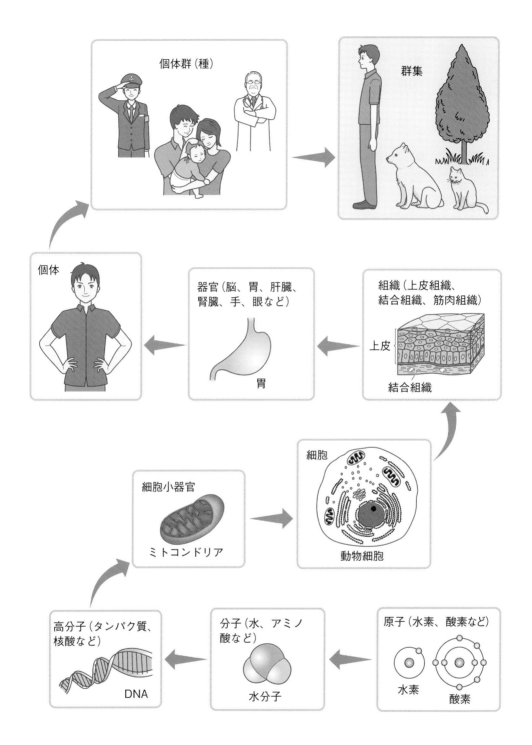

図2.3　生物のもつ階層性
階層を上がるごとに新しい性質が現れる。

多細胞生物では、比較的単純（分子量*が小さい）な物質を取り入れて、それらをより大きな（分子量の大きい）物質へと変えている。アミノ酸をつなぎ合わせてタンパク質をつくったり、単純な糖から多糖を合成したりする。

　細胞内ではこれらの高分子が多数集合して、**細胞小器官**とよばれる構造物
organelle
を形成する。核、小胞体、ゴルジ体、リソソーム、ミトコンドリア、葉緑体などである。細胞は実は大変に複雑な構造物で、小器官の配置などは細胞の機能にきわめて重要である。

2.2.2　組織、器官、個体

　さて、多細胞生物では、細胞が集合していろいろな器官を構成する。私たちヒトには心臓、胃、眼など多くの**器官**がある。これらの器官もきちんと配
organ
列され、相互に連絡を取れるようになっている。こうして個体ができている。

　多細胞生物は、種類によって数百から数十兆個の細胞をもっている。これらの細胞はみな同じではない。私たちの体を考えても、皮膚の細胞、心臓の細胞、神経細胞などいろいろな種類の細胞があることがわかる。体の中で、だいたい同じ構造と機能をもつ細胞をまとめて、「**組織**」という。たとえば、
tissue
体の表面にある表皮細胞と、胃や腸の内面を覆う細胞は、どれも密接していて体外から有毒なものなどが侵入しないようにしているので、まとめて上皮組織という。体にはいろいろな種類の神経細胞があるが、どれも刺激を伝えるという共通の働きをもつので、神経細胞の集団を神経組織という。多くの器官は複数の組織から構成される（7章）。したがって、個体は、細胞、組織、器官、という、しだいに複雑になる階層から構成されている。

2.2.3　種とそれ以上の階層

　生物学では、同じような個体の集まりを種という。地球上のすべてのヒ
しゅ
species
トは同じ種に属する。生物の分類では種のいくつかをまとめて属、属をま
genus
とめて科、さらにその上に目、綱、門、界という分類階級をつくっている。
family　　　もく
order　class　phylum　kingdom
ヒトは、動物界、脊索動物門、哺乳綱、霊長目、ヒト科、ヒト属、ヒト、となる。植物のスミレは、植物界、被子植物門、双子葉綱、キントラノオ目、スミレ科、スミレ属、スミレ、である。

　生物の世界では、1種が単独で存在することはない。他の種との関係によってその種の「生き方」が決まる。相互に作用を及ぼす生物の集団を「群集」とよぶ。

　このように、生物の世界を眺めると、原子や分子から始まって、高分子、細胞小器官、細胞、組織、器官、個体、種、群集という、しだいに複雑さを増す階層があることがわかる。これも生物のもつ、きわめて特別な性質である。

2.3　生物と生命

2.3.1　生物と生命はどのように違うか

　私たちは「生物」と「生命」という用語をどのように使い分けているだろうか。「生物学」というが「生命学」とはあまりいわない。もっとも最近は「生命科学」という用語もよく用いられる。一方、「生命倫理」とはいうが「生物倫理」という用語は使わない。このように、私たちはなんとなくこの二つの用語を区別しているのである。

　生物は、具体的に生きているものを指すことばである。一方、生命は、生物がもつ種々の性質の総体であると考えられる。つまり生命はやや抽象的な概念である。また、生命は、社会学、宗教学、哲学など多くの学問の研究対象になっていて、生物より広い概念ということができる。ただ、生命というものを考える基盤には、やはり生物のもつ種々の特徴、特性というものの理解がある、ということはいえるだろう。

2.3.2　生命の尊重ということ

　小学校以来、あらゆる機会をとらえて、私たちは生物・生命を尊重しなければいけない、生き物を大事にしなければいけない、と教えられてきた。生命を慈しむ、ということばもしばしば耳にする。中学校理科の指導要領（平成29年告示）の第2分野（生物・地学領域）の目標にも、「生命や地球に関する自然の事物・現象に進んで関わり、・・・・生命を尊重し、自然環境の保全に寄与する態度を育て、自然を総合的に見ることができるようにする」とある。また、この目標の解説として、「生命現象が精妙な仕組みに支えられていることに気付かせて生命尊重の態度を養う」とある。ここでは、生物がきわめて複雑なしくみをもっていることから、それは尊重されなければならない、といっているのである。

　しかし、なぜ生物・生命は尊重されなければならないか、というのは、実は大変に難しい問題である。私たちは毎日動物の肉や植物を食べている。ヒ

トが生きていくのに必要だからである。これは生命の尊重と相反しないだろうか。飼育栽培されている動植物は生命尊重の対象にならないのだろうか。生命の尊重ということばは、ヒト中心の考え方のようでもある。

生命の尊重の根拠として、よくあげられる三つの考え方を紹介しよう。

(1) 生命の尊さは、それぞれが何十億年という歴史の結果であるということに基づく、という考え方がある。気の遠くなるような長い歴史を背負っているものは、それだけで貴重であって、簡単に滅ぼしてはならない、という意味である。

(2) 上の指導要領にもあるように、生物のもつ精妙なしくみはそれだけで貴重なものであって、それを滅ぼすことは、貴重な文化財を壊してしまうようなものだ、という考え方もある。

(3) 生物は相互に密接に関係して、大きな生態系を作り上げている。一見何の役にも立たないように見える生物も、それなりの役割をもっているので、生物を死滅させることは生態系に影響を与える、という議論もある。

いずれにしても、生命の尊重という、ほとんどすべての国家で法律の前提としている考え方に、理論的な裏づけを与えることはなかなか難しいのである。読者がそれぞれにこの問題について考えてくださることを願っている。

【発展】 プリオンは生物か

BSE（牛海綿状脳症）を知っているだろうか。ウシが痙攣したり立てなくなったり、あるいは音などに敏感に反応して狂ったように暴れる病気である。同じような症状はヒツジでも見られ、ヒツジの場合はスクレーピーとよばれる。さらに、ヒトでも**クロイツフェルト・ヤコブ病**という病気が知られていて、これらはどれも**プリオン***というタンパク質の異常によって引き起こされることがわかってきた。

プリオンというタンパク質は、脳や脊髄の神経細胞の細胞膜に存在するタンパク質で、その機能はまだ明らかではない。正常のプリオンはヒトも含めて多くの動物がもっている。上に述べた病気の動物では、プリオンの立体構造が変化していることがわかってきた（異常型プリオン、図2.4）。この構造変化が、プリオンタンパク質のアミノ酸配列を決めるDNAの変異（6章）によるものかどうかは、確かではない。

動物が異常型プリオンを摂取すると、それが体内に取り込まれ、異常型プリオンは正常型プリオンと接触してそれを異常型プリオンに変化させてしま

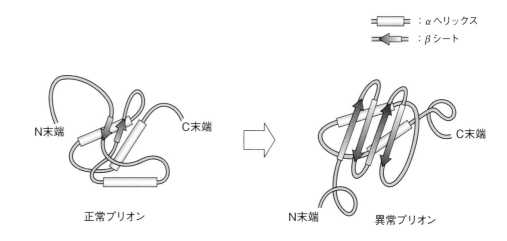

図2.4　プリオンの立体構造の変化
αヘリックス、βシートは、タンパク質の特別な構造を示す。
（赤坂（2010）より改変）

うという、驚くべきことが明らかになってきた。かつてはウシの骨片を動物の飼料に混ぜていたが、そこに含まれていた異常型プリオンが、摂取した動物にプリオン病を発病させたのである。異常型プリオンは熱を加えても変性しないで病原性を保っている。したがって、プリオン病にかからないようにするには、異常型プリオンを摂取しないようにする以外に方法はない。多くの国で、ウシについて異常型プリオンの存在が厳しく監視されている。

　このように、異常型プリオンは病原性のウイルスやバクテリアのように、ヒトなどの動物に感染して病気の原因になるように思われる。しかしプリオンはタンパク質であるし、この章で述べてきた生物の定義にはあてはまらないので、生物ではない。

3章 細胞とはどのようなものか

　2章で学んだように、生物の性質としてもっとも重要なものは、**細胞**からできていることである。生物も最終的には原子や分子から構成されていて、分子は集合して高分子（タンパク質、核酸、糖質など）を形成する。高分子は生物にしか見られないが、それは生物とはよべない。高分子はさらに複雑に結合したり集合したりして細胞膜や細胞小器官（核、ミトコンドリアなど）を形成する。これらの細胞の要素は、生物に固有で、なかにはミトコンドリアのように自分で分裂できるものもあるが、それは細胞の内部にあるときだけで、細胞外ではその構造を維持することも機能を果たすこともできない。したがって、細胞小器官もまだ生物とはいえない。

　細胞膜や細胞小器官が集合して細胞をつくっている。細胞は個体から切り離されても、培養などによって増殖させ、機能を維持することもできる。そもそも地球上に生息する（数の上では）大多数の生物は単細胞、つまり1個の細胞からできている。こうしてみると、細胞は生物であるといっていいだろう。

　生物の性質や働きを知るには、細胞を知らなければならない。細胞にはいろいろな種類があるが、3章では細胞の基本的な構造と機能について学習しよう。

3.1　細胞の大きさと構造

3.1.1　細胞の大きさ

　細胞の大きさも種類によっていろいろである。大きいものでは数センチメートルに達するもの（ニワトリの受精卵、つまり黄身）もあり、またある種の神経細胞は数メートルにも及ぶ突起を伸ばす。ここでは平均的に、直径がだいたい1ミリメートルの百分の一（10マイクロメートル）としよう。この大きさの物体は眼ではほとんど見えない。もし細胞を10万倍に拡大すると、直径が1メートルになる。

　細胞はその全体が細胞膜で包まれている。細胞膜は脂質分子からできた薄い膜で、細胞を外界から守っているが、いろいろな物質を選択的に通過させ

ることができる。細胞のほぼ中央には、多くの場合丸い核がある。核の平均的な大きさは、直径がおよそ5マイクロメートルである。

3.1.2　細胞の構造

核と細胞膜の間には、種々の構造物が詰め込まれている。主なものは、**細胞小器官**（オルガネラ）とよばれるミトコンドリア、小胞体、ゴルジ体、リソソーム、葉緑体（植物細胞のみ）などである。またこの他に、小器官とはよばないが、リボソーム、中心体、種々の小胞などの構造物がある（図3.1）。さらに種々の繊維が密に張り巡らされていて、一括して**細胞骨格**とよばれる。cytoskeletonこれらの小器官や繊維は、細胞ごとに数も形も異なり、それによって細胞の性質が決定される。たとえば種々の物質を産生して分泌する細胞では小胞体やゴルジ体が発達し、異物を取り込んで消化する免疫に関わる細胞ではリソソームが多い。

これらの細胞内の「固形物」の間には**サイトソル**（細胞質基質）とよばれるcytosol液体状の物質があり、ここでは多様な化学反応が絶え間なく行われている。細胞は全体として、きわめてダイナミックに活動している。

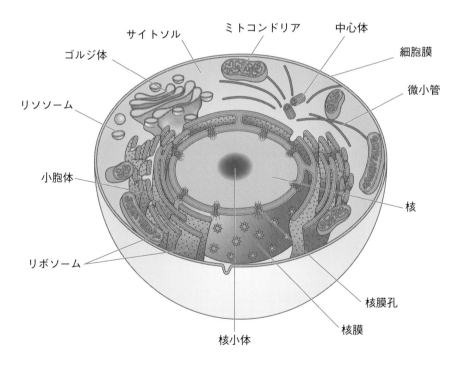

図3.1　動物細胞の模式図
種々の細胞の特徴をまとめて示している。

3.1.3 細 胞 膜

細胞膜は細胞の一番外側を囲む膜である。細胞膜は脂質（とくに
plasma membrane
リン脂質）が二重になった構造である。リン脂質には水になじむ（親水
phospholipid
性）部分となじまない（疎水性）部分があり、二重膜の親水性部分が外側
に、疎水性部分が内側に向いている。細胞膜には糖脂質や糖タンパク質など
も多数存在し、あるものは細胞膜を貫通して細胞質と細胞の外側との情報
交換に関与する。また、これらの分子は定常状態にあるわけではなく、細
胞の活動状態にあわせてきわめて活発に流動している。このような状態を
「流動モザイク」とよぶ（図 3.2）。
fluid mosaic model

　細胞膜の厚さは比較的一定していて、およそ 7 ナノメートルである。こ
の薄い膜は細胞が生存するために種々の重要な機能を果たしている。細胞がエ
ネルギーを獲得するための物質や、細胞の構造をつくる材料となる物質は、
もちろん細胞膜を通して運び込まれる。細胞が活動すると種々の老廃物が生
じるが、それらも細胞膜を通して排出される。細胞膜はすべての物質を通過
させるのではなく、特定の性質をもったものだけを通過させる（**選択的透過
性**）。一般的に、巨大な分子は細胞膜を通過できないし、水溶性の物質も脂
質からなる細胞膜を自由に通過できない。

　細胞膜にあるポンプ（タンパク質からなる）は、細胞内外の物質の濃度差
に逆らって物質を輸送する。とくに重要なのは細胞内のナトリウムイオン
（Na^+）を排出する **Na ポンプ**である。また細胞膜を貫通している多くのタ
sodium pump
ンパク質は、細胞外の種々の因子と結合する受容体として働き、周囲の環境
の情報にしたがって細胞は適切に活動することができる。細胞膜に存在する

3章

細胞とはどのような
ものか

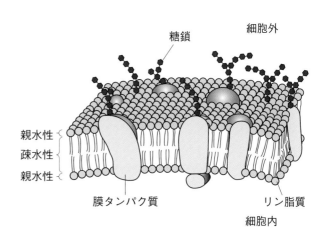

図 3.2　細胞膜の模式図
　タンパク質は脂質の層の中を動くことが
できるので、「流動モザイクモデル」と
よばれる。

多数のタンパク質分子は、細胞どうしが、同じ種類の細胞であるかどうかを認識する手がかりにもなる。これは免疫応答ではきわめて重要である。細胞膜にあるほとんどのタンパク質には糖鎖が結合している。

3.2　細胞の内部構造

3.2.1　核

核は真核細胞のみに見られる小器官である。バクテリアなどの原核細胞（【発展】参照）には、核とよべる構造はない。核は、遺伝物質である**DNA** deoxyribonucleic acid を納めている収納庫あるいは金庫のようなもので、細胞のすべての性質を支配する遺伝物質が損傷しないように保護している。

核は**核膜**によって囲まれている。核膜も細胞膜と同様、脂質二重層でできているが、核膜は外膜と内膜という2枚の膜からなるという特徴をもつ。内膜の内側表面は、核ラミナとよばれる、繊維の集合体で覆われている。主成分は**ラミン*** というタンパク質である。

核には DNA が含まれ、その情報に基づいて特定の遺伝子の **mRNA** messenger RNA が合成される。この mRNA は核から外に出て、細胞質にあるリボソームに行き、そこでタンパク質へと翻訳される（6章）。一方、mRNA をつくるための材料なども常に核の内部に運ばれなければならない。したがって核膜にはこれらの物質を通過させる孔（核膜孔）が多数存在する。核膜孔は複数のタンパク質からなる複雑な構造であり、孔の直径はおよそ8ナノメートルである。その中を毎秒1000個ほどの小さい粒子が、ものすごい速度で双方向に移動している。

核の内部はとても複雑である。**遺伝物質**（DNA）は、**染色体** chromosome という構造物の内部にある。染色体は、DNA の周囲に、**ヒストン** histone というタンパク質が結合したものである。1個の細胞に含まれるヒトの DNA 分子は直線にすると2メートルに達するという。もし核の直径を50センチメートルとすると、DNA の長さは200キロメートルにあたる。この長い DNA を核の中に納めるために、DNA は何重にも折りたたまれている。ふつうの細胞では核の中の染色体は細くて観察が困難である。細胞が分裂するときには、染色体はさらに凝縮して太くなるので、光学顕微鏡で容易に観察ができる。

その他、核内には、リボソーム RNA （rRNA）を合成する場所である**核小体** nucleolus という構造もある。

3.2.2 ミトコンドリア

ミトコンドリアは細胞内のエネルギー生産工場である。細胞はエネルギーを **ATP**（アデノシン三リン酸）という物質に蓄えて、必要に応じて ATP を分解してエネルギーを取り出す。細胞はサイトソルにある一連の酵素でグルコースをピルビン酸という物質に分解し、それをミトコンドリアに送り込んで最終的には水と二酸化炭素に分解する。この過程で多くの ATP 分子が産生される（5 章）。

ミトコンドリアは長さが $0.5 \sim 0.8$ マイクロメートルの楕円体のものが多い。細胞内のミトコンドリアの数はいろいろであるが、多くのエネルギーを必要とする細胞では数千個もあるといわれる。

ミトコンドリアは二重の膜をもつ。内膜は内腔に突出した構造（クリステ）をつくっている。外膜と内膜の間は膜間腔、内膜の内側は基質（マトリックス）とよばれる（図 3.3）。ミトコンドリアは独自の DNA をもつ*。

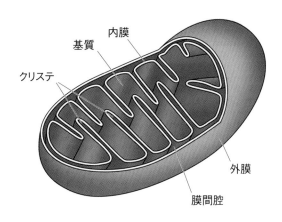

基質　内膜

クリステ

外膜

膜間腔

図 3.3　ミトコンドリアの構造
実際のミトコンドリアは大きさも形も様々で、枝分かれしたような構造をもつものもある。

3.2.3　葉 緑 体

葉緑体は植物細胞のみに存在する小器官で、**光合成**を行う場である。現在、地球上に存在するすべての植物や動物は、太陽光のエネルギーを利用して水と二酸化炭素から有機物を産生する葉緑体によって栄養分を供給されている。葉緑体も二重の膜をもつ小器官で、その内部にはチラコイドという薄い膜が積み重なったグラナとよばれる構造物が多数存在する。チラコイドには光エネルギーを吸収する色素（クロロフィル）と ATP を合成する装置があり、ここで合成された ATP のエネルギーを用いてグルコースなどの有機物が合

成される（14 章）。

　葉緑体は比較的大きく、長さが 5 マイクロメートル程度の長楕円体である。したがって、普通の光学顕微鏡でも十分観察できる（光学顕微鏡の分解能は 0.2 マイクロメートル）。葉緑体は植物の比較的大型の細胞に、細胞あたり 10 個から数百個存在する。

3.2.4　リボソーム

　リボソームはタンパク質合成の場である（☞ 6.2.1）。核の内部で DNA から転写されて生じた mRNA が細胞質のリボソームに到着して、そこで mRNA のもつ塩基配列の情報にしたがってアミノ酸がつながってタンパク質の一次構造（ポリペプチド）がつくられる。リボソームはリボソーム RNA（rRNA）とタンパク質の複合体で、長径が 15 〜 30 ナノメートルのだるま形をしている。細胞内には数十万から数百万個も存在する。小胞体に付着しているものと、細胞質内に遊離しているものがある。

3.2.5　小胞体とゴルジ体

　小胞体と**ゴルジ体**は、リボソームで合成されたポリペプチドを修飾し、その行く先を決定する流通経路である。どちらも薄い膜からなる袋状の構造で、とくにゴルジ体は袋がいくつも重なったものである。小胞体には、表面にリボソームが付着した粗面小胞体と、付着していない滑面小胞体がある。粗面小胞体に付着したリボソームで合成されたポリペプチドは小胞体の内部に入り、糖が付加されるなどの修飾を受けて、ゴルジ体に送られ、そこから行き先別に小さい顆粒に詰め込まれて、細胞表面や種々の膜へと輸送される。滑面小胞体では脂質の合成が行われる。

3.2.6　リソソーム

　細胞内で生じた老廃物を分解したり、細胞外から取り込んだ有害微生物などを消化したりするのが**リソソーム**の役割で、内部に強力なタンパク質分解酵素を含んでいる。大きさは直径が 0.4 〜 1.0 マイクロメートルで、普通の細胞内には数百個存在する。

3.3　細胞骨格と細胞分裂

3.3.1　細胞骨格

　細胞の内部には、細胞の形を整えて維持したり、種々の構造物の足場となったりする多くの繊維が張り巡らされている。これらを総称して**細胞骨格**（図 cytoskeleton 3.1）という。いずれもタンパク質が重合してできる細い繊維であり、その太さによって区別される。もっとも細い（直径6〜7ナノメートル）繊維はミクロフィラメントとよばれ、代表的なものは**アクチンフィラメント**である。 actin filament **中間径フィラメント**（直径10ナノメートル）には、ケラチンやニューロフィ intermediate filament ラメントなど多くの種類がある。もっとも太いのは**微小管**（直径25ナノメー microtubule トル）で、**チューブリン**というタンパク質が規則正しく重合して管状の構造 tubulin を形成する（図3.4）。

　中心体は、長さ0.2マイクロメートルの棒状の中心小体（中心子）が直角 centrosome に配置されている構造物である。中心小体はチューブリンから構成されている。中心体は動物細胞の細胞分裂に必要な分裂装置をつくる起点となる。

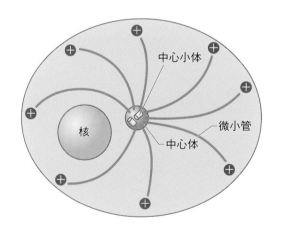

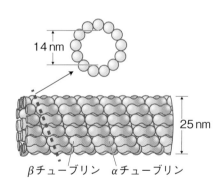

図3.4　微小管とチューブリン
　　　微小管は α チューブリンと β チューブリンが規則正しく配列
　　　した管状の構造をもつ。左図は細胞内における微小管の配置の
　　　模式図。⊕は微小管が伸びる端を示す。

3.3.2　細胞分裂

　体の中の細胞は、その種類ごとにおよそ一定の頻度で分裂する。血球のもとになる造血幹細胞はきわめて速い速度で分裂し、一方、神経細胞のようにほとんど分裂しない細胞もある。ある細胞が分裂してから次に分裂するまでの期間を**細胞周期**という。細胞周期は分裂期（M 期）と間期に分けられ、間期はさらに、DNA 合成準備期（G_1 期）、DNA 合成期（S 期）、分裂準備期（G_2 期）に分けられる（図 3.5）。細胞がそれぞれの機能を果たすために、細胞周期から外れることもあり、その場合には G_0 期とよばれる。

　細胞が分裂するときには、S 期に、まずもっている遺伝情報、つまりDNA を複製しなければならない。DNA ポリメラーゼが DNA 鎖それぞれに対する相補的な塩基をつなぎ合わせて新しい鎖を合成する。こうして、もとの鎖と新しい鎖からなる二重鎖が 2 本できる。この時点では 1 本の染色体のなかに DNA 二本鎖が 2 本存在することになる（図 3.6；6 章）。

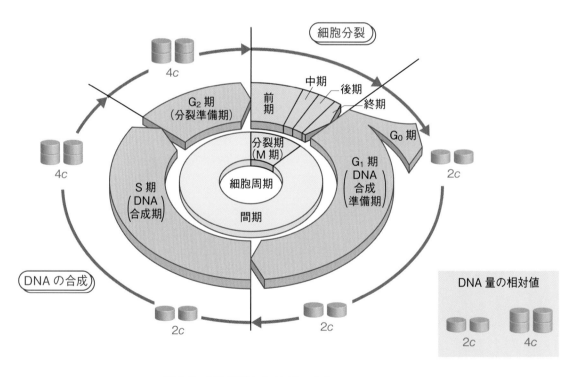

図 3.5　細胞周期と DNA 量の変化

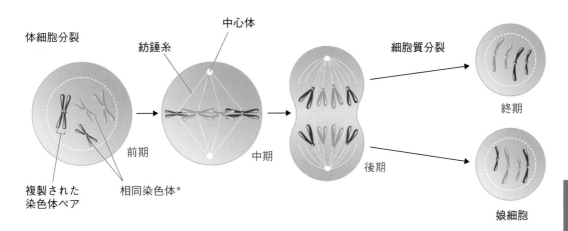

体細胞分裂

中心体

紡錘糸

細胞質分裂

終期

前期

中期

後期

複製された
染色体ペア

相同染色体*

娘細胞

図 3.6　細胞分裂（M 期）の模式図
細胞分裂によって、親細胞と同じ染色体
をもつ 2 個の娘細胞が生じる。

POINT
相同染色体

どの生物も対に
なった（形がよく
似た）染色体をも
つ。一方は母親か
ら、他方は父親か
ら受け取ったもの
で、相同染色体と
よばれる。

　細胞分裂（M 期）の過程は、前期、中期、後期、終期に分けられる。前
cell division
期には核膜が消失し、すでに複製を終え染色体が凝縮する。中期には染色体
が細胞の赤道面に並び、染色体の動原体とよばれる領域に紡錘糸とよばれる
繊維（微小管）が付着する。紡錘糸は細胞の両極にある中心体から伸びてい
て、全体として紡錘体とよばれる籠状の構造を形成する。後期になると染色
体は縦に二分され、それぞれが紡錘糸に引かれて細胞の両極に分かれる。後
期になって染色体が細胞の両極に達すると、細胞質がくびれて細胞が二分さ
れ、核膜が出現して細胞分裂が終了する。生じた 2 個の細胞は**娘細胞**とよば
daughter cell
れ、もともとの細胞と同じ数の染色体をもつことになる。

　このような細胞周期の過程において、染色体数と核の DNA 量がどのよう
に変化するかを理解しておくことが重要である。図 3.5 には、DNA 量の変
化も示されている。一般に 1 個の細胞がもつ DNA 量は **2c** と表される。こ
れは、染色体数を $2n$ と表すのと同様に、細胞が二倍体であることを示して
いる。

　なお、生殖細胞の形成にあたっては、減数分裂という特殊な分裂が進行し、
その過程で染色体数も DNA 量も半分になるが、それについては 12 章で解
説する。

【発展】　原核細胞と原核生物

　地球上には大きく分けて2種類の細胞がある。私たちの体をつくっている細胞は、その中に核をもっているもので、**真核細胞**とよばれる。一方、バクテリア（細菌）の細胞は、はっきりした核をもたないもので、**原核細胞**とよばれる。地球上の生物進化の過程では、まず原核細胞が生じ、その後、真核細胞が出現した。後で述べる（13章）ように、生命が誕生してからおよそ20億年間は原核細胞しか存在しなかった。

　原核細胞では、遺伝物質であるDNAは、1本の環状の分子であり、細胞質の特定の領域（核域とよばれる）にあるが、それを保護する核膜がない。原核細胞の直径は真核細胞の十分の一ぐらいであり、体積では千分の一にすぎない。タンパク質を合成するためのリボソームはもっているが、細胞小器官をもたない。このようにバクテリアなどの原核細胞は比較的単純な構造（図3.7）をもっているが、地上できわめて繁栄していて、また、人間生活とも深い関係がある。

　原核細胞からなる**原核生物**は、現在、**バクテリア**と**アーキア**（古細菌）が知られている。古細菌という名称はその性質をあまりよく表していない。実はアーキアはバクテリアより**真核生物**に近い、といわれている。生物界は、

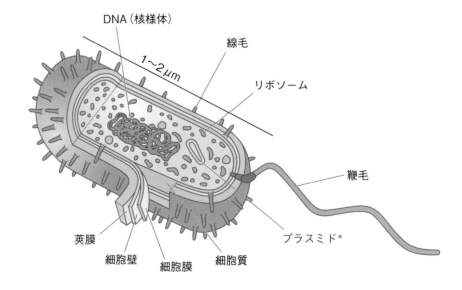

図 3.7　原核細胞の模式図
真核細胞より小型で、核膜がなく、細胞小器官をもたないなどの特徴がある。

POINT
プラスミド

プラスミドは原核細胞中にある特別なDNA分子で、その遺伝子産物は細胞の生存に重要であることが多い。遺伝子工学では、プラスミドをよく利用する。

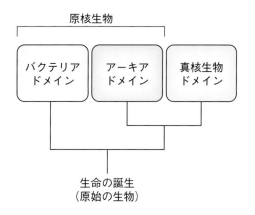

図3.8　生物界を構成する3超界（ドメイン）

バクテリア、アーキア、真核生物の3超界（ドメイン）に分類されている（図3.8）。

　原核細胞の多くは細胞壁をもっている。植物細胞にも細胞壁があるが、それを構成する分子はバクテリアと植物ではかなり異なっている。またバクテリアの細胞壁は、その構造などからバクテリアを「グラム陽性菌」と「グラム陰性菌」に分類する基準となっている。

　バクテリアというと、病原菌が頭に浮かぶ。実際、実に多くのバクテリアが人間にとって危険な病原菌である。いくつかをあげると、赤痢菌、腸チフス菌、ペスト菌、コレラ菌、ピロリ菌、黄色ブドウ球菌、結核菌、破傷風菌など。また、クラミジアやスピロヘータも細菌である（表11.4）。しかしほとんどのバクテリアは無害で、大腸菌のように私たちの腸管に大量（約1キログラム）に生息していて、食物の消化に役立ち、また他の有害なバクテリアの感染を阻止している菌もある。もっとも、大腸菌の中には、O-157株のように、病原菌として作用するものもある。また、乳酸菌のように多くの発酵食品の生産に欠かすことのできないバクテリアも存在する。さらにバクテリアの中には、光合成をするシアノバクテリア（ラン藻）も含まれる。

　アーキアは海底の噴火口（熱水噴出口）などの極端な環境に生息するものが多く、また、その細胞膜の構成分子は細菌とも真核細胞とも異なっている。

3章　細胞とはどのようなものか

4 章 体をつくる分子には どのようなものがあるか

　生物の体は細胞からできているが、細胞を構成する小器官や種々の構造物は、様々な分子からできている。**分子**は 2 個以上の原子が集まってつくる物質で、ある決まった性質をもっている。水 H_2O は水素 (H) と酸素 (O) という 2 種類の原子が 3 個集まっている分子である。一方、タンパク質のように、構成する原子は主として炭素 (C)、水素、酸素の 3 種類であるが、それらが数千個も集まっている分子もある（タンパク質の中にはそれ以外の原子を含むものもある）。

　体を構成する分子として重要なのは、タンパク質、核酸、糖質、脂質などである。このうち、炭素を含むものは、生体がつくるもので、有機化合物（有機物）とよばれる。生体は比較的単純な有機化合物を栄養分として取り込んで、より大きな分子（高分子）を合成したり、あるいは高分子を分解してエネルギーを取り出したりする。このように、生体の中で分子を変換することを、代謝とよぶ。

　無機化合物の中にも、生体の働きになくてはならないものもある。無機化合物の多くは生体がつくることができないので、養分として吸収する必要がある。

　本章では、生体を構成する重要な分子の構造と主な働きについて述べることにする。少し化学の知識を必要とするが、これは生物を理解する上で大切であり、またヒトの栄養や健康とも密接に関係することなので、しっかり学習して欲しい。

4.1　水の重要性

　ヒトの体重の約 60％は**水**である。水は生命の維持に不可欠で、地球に生命が誕生し、進化できたのも地球が「水の惑星」だったからである。水は、脂質やいくつかのタンパク質などを除いて、多くの分子を溶かすことができる。それによって、分子が細胞内を移動することができ、相互に作用することができる。また、比熱が大きく、体温などを一定に保つのにも有用である。

　なお、水になじんで溶ける物質は**親水性**、水となじまず、水溶性でない分子は**疎水性**という。
hydrophilic
hydrophobic

4.2 アミノ酸とタンパク質

4.2.1 アミノ酸

タンパク質は生物の体をつくる材料としても、体の中のいろいろな化学反応を進める物質としても、もっとも重要なものである。**タンパク質**を表す protein という単語は、ラテン語の「第一」という語に由来する。ヒトには数十万種類のタンパク質があるといわれ、それらの多くは常に細胞内で合成されては分解されている。

タンパク質は**アミノ酸**とよばれる、およそ 20 種類の比較的簡単な構造をもつ分子がつながったものである。タンパク質の構造と性質は、それを構成するアミノ酸の種類と配列によってだいたい決定される。ここでは、まずアミノ酸の構造について述べ、ついでタンパク質の多様な機能をまとめておこう。

アミノ酸は炭素原子に**アミノ基**と**カルボキシ基**、および**側鎖**が結合した分子である（図 4.1）。側鎖はアミノ酸の性質を決める部分である。アミノ酸どうしは、**ペプチド結合**という様式でつながっていて、タンパク質によって

4章 体をつくる分子にはどのようなものがあるか

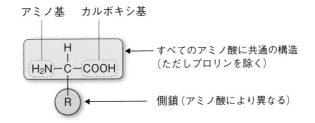

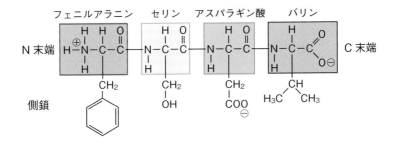

図 4.1 アミノ酸の構造
側鎖（R）の種類によって異なるアミノ酸となる。アミノ酸の性質も R によって決まる。

は数千ものアミノ酸から構成される。このため、タンパク質は**ポリペプチド**（鎖）ともよばれる（ポリは、多くの、という意味）。また、短いアミノ酸のつながりはペプチド（鎖）とよばれる。アミノ酸の多くは、生体内では合成できないので、私たちは食物から取り込まなければならない。これは**必須アミノ酸**[*]とよばれ、ヒトの必須アミノ酸は、トレオニン、バリン、ロイシン、イソロイシン、フェニルアラニン、トリプトファン、メチオニン、ヒスチジン、リシンである。

POINT
必須アミノ酸

必須アミノ酸は動物ごとに異なる。ヒトでは、アルギニン、システイン、チロシンが体内で合成されにくいので、準必須アミノ酸とよばれる。

　側鎖によってアミノ酸は、水と親和性のある（水に溶ける）グループと疎水性（水に溶けない）グループに大きく分けられる。また、分子が全体として他の分子とどれほど反応するかという点からも分類することができる。さらに、システインというアミノ酸は、他のシステインと結合することができ、タンパク質の立体構造の決定に重要な働きをする。

4.2.2　タンパク質の構造と機能

　タンパク質の構造はアミノ酸の配列によって決定されると述べた。このようなアミノ酸の配列を、タンパク質の**一次構造**という。タンパク質は、アミノ酸がつながった数珠のようなものではなく、アミノ酸の性質によっていろいろな形を取ることができる。たとえば、らせん状になったり、ペプチド鎖が平行して板状の構造を取ったりする。これらの構造は**二次構造**という。前述のように、2個のシステインがあると、その間に結合（架橋）が生じて、タンパク質の構造が折りたたまれる。あるいは、アミノ酸どうしの水素結合

βグロビン
サブユニット

βグロビン
サブユニット

αグロビン
サブユニット

鉄の原子
ヘム

αグロビン
サブユニット

図 4.2　タンパク質の四次構造
この例では、酸素運搬に関わるヘモグロビンを構成する4個のサブユニットが示されている。

によっても、特異的な構造ができる。これらは**三次構造**とよばれる。さらに、
tertiary structure
2個、あるいはそれ以上のポリペプチドが集合して1個の機能的なタンパク
質となることもあり、その構造を**四次構造**という（図4.2）。タンパク質の二次、
quaternary structure
三次、四次構造が熱などによって破壊されると、そのタンパク質は機能を失
うことがある。これは変性とよばれる。

　タンパク質の機能は多岐にわたっているので、そのすべてをまとめるのは
難しい。一つのタンパク質が複数の機能をもつ場合もあるし、複数のタンパ
ク質がほとんど同じ機能を担当することも多い。表4.1には、簡単な分類を
示した。それぞれの働きについては、本書のあちこちで触れることになる。

表4.1　タンパク質の分類と機能（主な分類のみ）

タンパク質	機能	例（働き）
酵素タンパク質	生体内での化学反応の触媒	アミラーゼ（糖質の分解） DNAポリメラーゼ（DNAの複製）
構造タンパク質	細胞や組織の構造の材料	アクチン（細胞骨格の形成） コラーゲン（細胞外基質）
輸送タンパク質	物質の輸送	グロビン（ヘモグロビンとして酸素を輸送）
モータータンパク質	細胞の運動	ミオシン（筋収縮） チューブリン（微小管を形成して鞭毛の運動）
シグナルタンパク質	細胞間のシグナル伝達	インスリン（ホルモン、血糖値を下げる） 神経成長因子（NGF、神経細胞の増殖促進）
受容体タンパク質	シグナルタンパク質などの受容体	インスリン受容体（インスリンの受容） ロドプシン（光刺激の受容体）
遺伝子発現調節タンパク質	遺伝子の発現を調節する	転写因子（遺伝子発現を促進または抑制する） プロモーター（遺伝子発現を促進する）
生体防御タンパク質	生体の防御に働く	イムノグロブリン（抗体タンパク質）

4.3　核酸と糖質

4.3.1　核　酸

　核酸という用語は、細胞の核に多く含まれる酸性物質、という意味である。
nucleic acid
遺伝子の本体である **DNA（デオキシリボ核酸）** も核酸の一種である。核酸
deoxyribonucleic acid
には DNA の他に **RNA（リボ核酸）** がある。RNA は遺伝子からタンパク質
ribonucleic acid
がつくられるときに重要な働きをする。

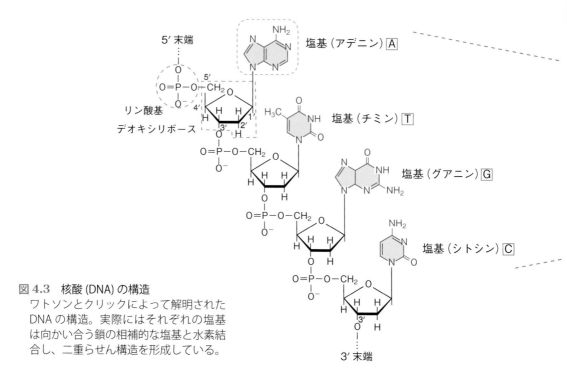

図 4.3　核酸 (DNA) の構造
ワトソンとクリックによって解明された
DNA の構造。実際にはそれぞれの塩基
は向かい合う鎖の相補的な塩基と水素結
合し、二重らせん構造を形成している。

核酸は、**ヌクレオチド**という化合物がたくさん結合してできている。ヌク
レオチドそのものは、**糖**と**塩基**と**リン酸基**からなる（図 4.3）。DNA と RNA
の大きな違いは、DNA の糖が**デオキシリボース**という糖であるのに対して、
RNA は**リボース**という糖をもっていることである。デオキシリボースとリ
ボースの違いは、後者は前者より酸素が 1 個多いだけであるが、そのことが
DNA と RNA の大きな違いを生んでいる。

DNA も RNA も 4 種類の塩基を含んでいる。DNA では**アデニン**、
グアニン、**シトシン**、**チミン**であり、RNA ではチミンの代わりに**ウラシル***が
用いられる。DNA が遺伝子として、RNA がその情報を伝える分子として機
能するのは、これら 4 種類の塩基の配列順序が、文章中の文字のように意味
をもつからである（6 章）。

DNA では、塩基の A は T と、G は C と水素結合を結合し、それによって
二本鎖となる（図 4.4）。A と T、G と C を**相補的塩基**とよぶ。

DNA と RNA の大きな違いは、DNA が二本鎖であるのに対して、ほとん
どの RNA は一本鎖だということである。DNA はそれを構成する塩基のうち
アデニンとチミン、グアニンとシトシンがそれぞれ水素結合によって対をつ
くっている。また、DNA のこの二本鎖は、全体としてらせん形になってい
るので、**二重らせん**とよばれる。

POINT
ウラシル（U）

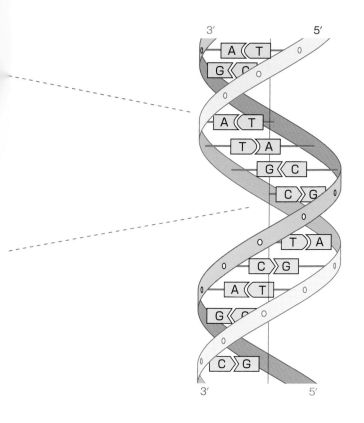

図 4.4　DNA の二重らせん構造
A、T、G、C は塩基を表す。

4.3.2　糖　質

　糖質は、単に糖とよばれることもある。炭素と水の化合物なので、炭水化物という名前もある。構造式を簡単に表すと、$C_n(H_2O)_m$ である。一番単純な糖は、**グルコース**（ブドウ糖、図 4.5）などの単糖で、$C_6(H_2O)_6$、あるいは $C_6H_{12}O_6$ と表される。砂糖の主成分はスクロースで単糖が 2 個結合している二糖である。

　私たちが栄養分として取り入れる**デンプン**、肝臓や筋肉などに多く含まれる**グリコーゲン**、植物の細胞壁に多い**セルロース**などは、単糖が数百個から数千個もつながった**多糖**である。糖

D-グルコース　　　α-D-グルコース

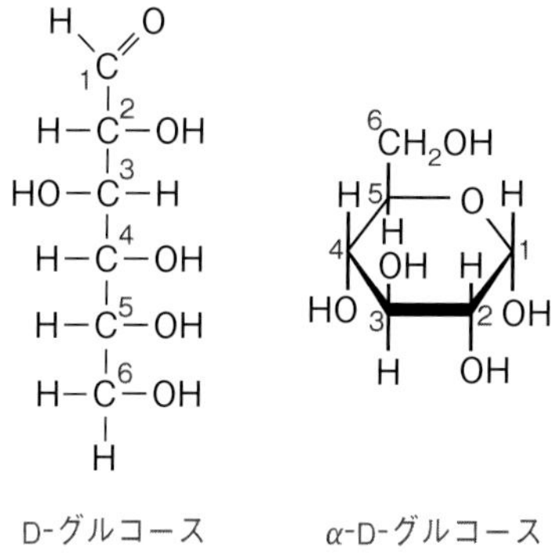

図 4.5　単糖（グルコース）の構造
二通りの表し方で描かれている。
番号は炭素を数えるときの順番を
示す。

質は多くの生物のエネルギー源として重要で、私たちの細胞ではグルコース
を最終的に水と二酸化炭素まで分解して、そのときに生じるエネルギーを体
の活動や体温維持に利用している（8章）。

　糖質にはその他に、タンパク質に糖質が結合した**糖タンパク質**、糖質と脂
質が結合した**糖脂質**などがある。**グリコサミノグリカン** *は、硫酸基が付加
した2種類の糖質からなる二糖が多数つながったもので、関節にたくさん存
在するヒアルロン酸などが含まれる。また、多数の糖質が少数のタンパク質
（コアタンパク質）に結合した**プロテオグリカン**は、軟骨などに多く含まれる。

4.4　脂　質

4.4.1　脂質と脂肪

　脂質は、核酸やアミノ酸などのように、化学構造によって定義できる物質
群ではなく、水に溶けにくいという性質で分類される。多くの分子を含み、
生体内では重要な働きをするものが多い。いわゆる脂肪、油、油脂などの他
にも、コレステロール、カロテノイド、脂溶性ビタミンなどが脂質に分類さ
れる。

　脂肪は貯蔵エネルギーとして重要である。脂肪はアシルグリセロールとい
う名称の一群の化学物質である。グリセロールに**脂肪酸（アシル基）**が結合
した、という意味である。グリセロールは炭素を3個含む分子で、その炭素
に結合したヒドロキシ基に脂肪酸が結合するが、脂肪酸が3個のものをトリ
アシルグリセロール（図4.6）、2個ならジアシルグリセロール、1個ならモ
ノアシルグリセロールとよぶ。脂肪酸は炭化水素 (-CH$_2$-) が10個から22個
つながった鎖の端にカルボキシ基が結合している。炭化水素鎖は疎水性なの

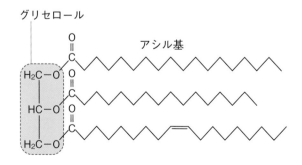

図4.6　脂肪（トリアシルグリセロール）の構造
アシル基（脂肪酸）にはいろいろな長さのものがある。

で、アシルグリセロールは全体としては水に溶けにくい分子である。

　アシルグリセロールの脂肪酸の種類は多く、脂肪酸の種類によってアシルグリセロールの性質も変わる。私たちが脂肪として摂取するトリアシルグリセロールは、消化酵素によってモノアシルグリセロールになり、小腸上皮細胞によって吸収され、ふたたびトリアシルグリセロールに変換されて、リンパ管を通って脂肪組織に蓄えられてエネルギー源となる。

　動物の脂肪は、脂肪酸の性質によって融点が高く、常温で固体である（油脂）のに対し、植物の脂肪は融点が低く、サラダ油のように常温で液体である。

4.4.2　リン脂質と糖脂質

　グリセロールに脂肪酸が2分子結合し、もう一つのヒドロキシ基にリン酸を介してコリンやエタノールアミンという分子が付く場合がある。これを**リン脂質**という。リン脂質は脂肪酸が疎水性、コリンやエタノールアミンは
phospholipid
親水性なので、水の中では外側に親水性部分、内側に疎水性部分が集まって、膜構造をつくる。細胞膜にはリン脂質が多く、しかも細胞膜はリン脂質が二重になっていることは、すでに述べた。

　リン脂質のリン酸基の代わりに糖が結合した分子を糖脂質という。また、2本の脂肪酸のうち1本がスフィンゴシンという分子で置き換えられたものはスフィンゴ糖脂質といい、やはり細胞膜の成分である。これに近い構造のものに、スフィンゴミエリンがあり、神経細胞を保護する髄鞘（ミエリン鞘☞ 9.2.1）の主成分である。

4.4.3　ステロイド

　ステロイドという名称は今では普通に使われる。副腎皮質ホルモンや性ホ
steroid
ルモンはステロイドであり、またコレステロールもステロイドである。いずれも化学的にはステロイド環という構造をもっている。

　コレステロールは、有害な物質というイメージがあるが、細胞膜の成分で
cholesterol
あり、ステロイドホルモンや脂肪の消化に働く胆汁酸の原料となる重要な物質である。

4.5　生体内の微量成分

　人体の構成成分は、水分60 ～ 70%、タンパク質15 ～ 20%、脂肪13 ～ 20%、無機質5 ～ 6%、糖質1%といわれている。このうち無機質はほとん

どが骨をつくっているカルシウムとリンである。生体にはこの他にも、存在量は少ないが、体の機能を維持するのに必須の微量成分が数多くある。**ビタミン**はその代表的なもので、体内では合成できないので、食物から摂取する必要がある（【発展】参照）。

生体内には微量元素も含まれる。前述のカルシウムやリンの他にも、硫黄、カリウム、ナトリウム、塩素、マグネシウムなどが比較的多く、鉄、亜鉛、銅、ヨウ素なども健康維持には欠かすことができない微量元素である。

【発展】　ビタミン

ビタミンということばは日常的に耳にする。英語では vitamin で、vital という単語が「生命にとって重要な」という意味であることからもわかるように、ビタミンは動物が生きていく上で必須の物質である。本文で述べた種々の生体構成要素と異なり、ビタミンは化学的にひとまとめにすることのできない、多様な物質を含んでいる。ビタミンの定義は、「動物の代謝や生理機能に不可欠で、体内で産生することのできない、小分子の有機化合物」である。体内で産生することができないので、ビタミンは食物から摂取する必要がある。

歴史的には、長い航海の間に船員が壊血病や脚気などの病気になることを、新鮮な野菜や米ぬかが防止することが発見のきっかけになった。

ビタミンは大きく水溶性ビタミンと脂溶性ビタミンに分類される（表 4.2）が、これは働きによって分類しているものではない。しかし、水溶性ビタミンの多くは酵素の働きを助ける補酵素として代謝に関わることがわかっている。一方、脂溶性ビタミンの中には、**ビタミン A** のように、視覚に関与するロドプシンの成分もあり、その機能は様々である。

ビタミン C はアスコルビン酸という物質で、多くの動物では体内で合成できるのでビタミンではないが、ヒトなど少数の哺乳類では体外から摂取する必要がある。また、ビタミン A は、バクテリアや植物が産生する物質で、多くの動物はこれらの生物を食べることでビタミン A を補給している。このように、ビタミンという栄養素は、生物によって異なっている。

表 4.2 で、ヒトの欠乏症が空欄になっているところは、通常の食事をしていれば不足することがほとんどないビタミンである。

表 4.2　ビタミン

ビタミン名	主な働き	ヒトでの欠乏症
水溶性ビタミン		
ビタミン B_1	補酵素	脚気
ビタミン B_2	補酵素	口内炎
ビタミン B_6	補酵素	
ビタミン B_{12}	補酵素	悪性貧血
ナイアシン	補酵素	ペラグラ
パントテン酸	補酵素	
ビオチン	補酵素	
葉酸	補酵素	貧血
ビタミン C	コラーゲン合成	壊血病
脂溶性ビタミン		
ビタミン A	ロドプシンの成分	夜盲症
ビタミン D	カルシウムの吸収	くる病、骨軟化症
ビタミン E	抗酸化作用	
ビタミン K	血液凝固	出血

ペラグラ：皮膚炎、胃腸炎、認知機能低下を主な症状とする疾病。先進国ではまれである。

4章

体をつくる分子には
どのようなものがあるか

5章 体の中で物質はどのように変化するか

私たちは毎日食物を摂取する。また私たちは絶えず呼吸をしている。なぜだろうか。食物はもちろん私たちの体をつくるためにも必須であるが、それだけではない。食物を食べることと呼吸をすることは、実は密接に関係して、どちらも私たちがエネルギーを得るのに必須なのである。当たり前のことのように思われるが、そのしくみは決して簡単ではない。体の中、もっと正確には細胞の中では、多くの物質が変化し、その過程でエネルギーが取り出されて私たちの活動に使われている。また、その過程のほとんどは、酵素とよばれるタンパク質の働きで進行する。

5章では、酵素の性質と、私たちが食物からエネルギーを得るしくみを考えよう。

5.1 酵素の働きと性質

5.1.1 酵素の働き

細胞の中では、タンパク質、糖質、脂質、核酸など多くの高分子が合成され、分解されている。このような物質の変化は「代謝」とよばれる。後で述べるように、私たちはグルコースを分解してエネルギーを獲得する。グルコースは、酸素と結合すると水と二酸化炭素に分解される。しかし、グルコースを酸素のある空気中に放置しておいても、この反応は起きない。この反応を進ませるには、熱を加えるなどの処理をしなければならない。しかし生体内でこの反応を進ませるのに十分な高温状態をつくると、生体の方が障害を受けてしまう。ここで登場するのが酵素である。

いろいろな化学反応でも、高い温度や高圧などの条件を必要とする場合がある。このとき触媒とよばれる物質が存在すると、その反応が速やかに進行する。酵素は生体の化学反応における触媒のような作用をもっている。つまり酵素には、上に述べたような反応を、高温にしなくても進める特別な働きがある。酵素自体は反応の前後で変化しないので、この点でも触媒と似ている。

酵素はほとんどがタンパク質でできていて、ヒトの体には二千種類を超える酵素タンパク質がある。

5.1.2 酵素の性質

酵素タンパク質の立体構造中には、活性中心という部位があり、そこで酵素が作用する分子（**基質**）と結合し、基質を変化させる。活性中心は、基質分子の立体構造とぴったり合わないと基質と結合しない。したがって、ある酵素が作用できる基質は限定されている。これを**基質特異性**という。酵素と基質が結合したものを**酵素 - 基質複合体**とよび、酵素反応はこの状態で進行する。酵素反応が終了すると基質は酵素から離れ、酵素は次の反応に関わる。

水溶液中に基質が一定の量で溶解しているとする。そこに酵素を加えると、当然酵素量が多いほど反応は速く進行する（つまり反応の産物が一定時間内により多く生じる）。一方、酵素量を一定にして基質濃度を変化させると、ある濃度までは反応が直線的に増加するが、基質濃度が一定量になると、反応速度は一定値に達する。これはすべての酵素に基質が結合してしまい、それ以上の過剰の基質は反応に関与しないからである。

酵素の活性は、温度や pH によって制御される。ヒトの多くの酵素は体温に近い 37℃から 40℃ぐらいでもっともよく活性を発揮する（図 5.1 上）。温度が高すぎると、酵素タンパク質は**変性**（立体構造の変化）して、活性を失う（失活）。海底の熱水噴出口などに生息するある種のアーキアでは、その酵素の最適温度が 100℃を超えるものもある（3 章【発展】）。

pH も酵素活性に影響する（図 5.1 下）。酵素によってもっともよく反応する最適 pH が異なる。多くの酵素は体液の pH と近い中性付近で高い活性を示すが、pH が 2 に近い胃の内部で働く消化酵素ペプシンは、最適 pH も 2 付近である。

酵素の働きを助ける**補酵素**という分子が多く知られている。ビタミンのいくつかは

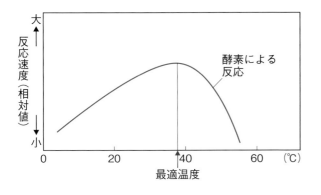

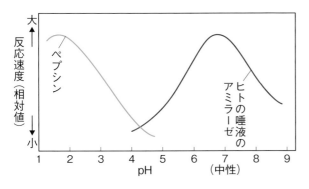

図 5.1　酵素反応の最適温度と最適 pH
　多くの酵素は体温に近い温度で最も活性が高い。
　一方、酵素の種類によって最適 pH は異なる。

5 章　体の中で物質はどのように変化するか

補酵素である。また、酵素のあるものは、その活性に亜鉛や銅などのイオンを必要とする。

　また、多くの酵素は、その産物によって活性が阻害される。たとえば、図5.2 に示した反応で、反応の産物である P が酵素の働きを抑制すると、この反応系は定常状態に保たれることになる。このように、反応の産物が反応の進行を妨げる現象は、**負のフィードバック**とよばれる。
negative feedback

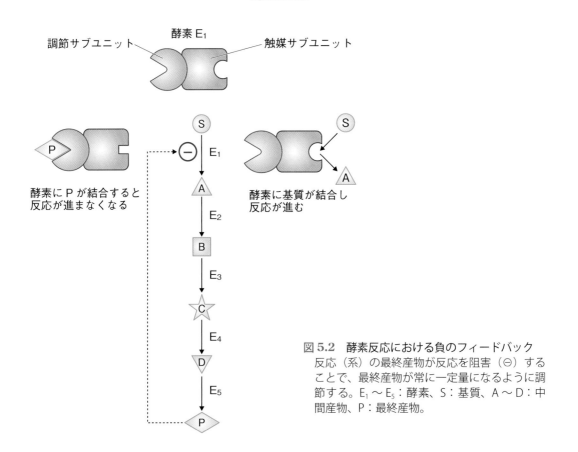

酵素 E₁
調節サブユニット　　触媒サブユニット

酵素に P が結合すると
反応が進まなくなる

酵素に基質が結合し
反応が進む

図 5.2　酵素反応における負のフィードバック
反応（系）の最終産物が反応を阻害（⊖）することで、最終産物が常に一定量になるように調節する。E₁〜E₅：酵素、S：基質、A〜D：中間産物、P：最終産物。

5.2　グルコースからのエネルギーの獲得

5.2.1　エネルギー獲得の道筋

　ヒトは食物からエネルギーを得ている。食物は、いうまでもなく、体の構成成分をつくる素材としても重要であるし、体の働きを調節することにも関わっている。タンパク質は細胞の多くの成分をつくるのに必須であるし、脂質も細胞膜の形成には欠かすことができない。同時にこれらの栄養素は、エ

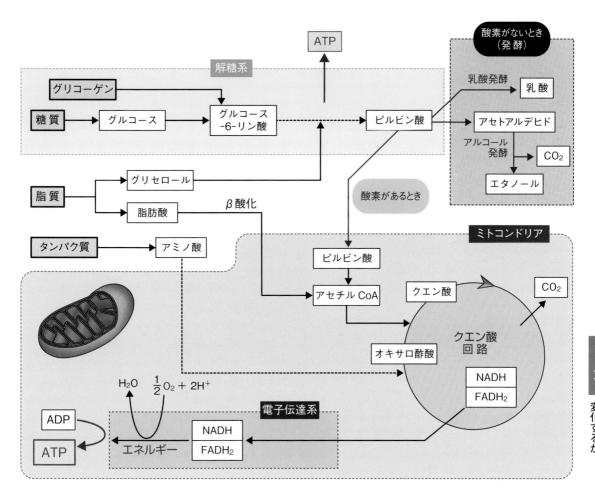

図 5.3　細胞内におけるエネルギー産生システム
多くの細胞では好気的解糖からクエン酸回路、電子伝達系を通って多くの ATP が得られる。

ネルギーを得るのにも深く関与しているのである。ここでは、細胞がエネル
ギーを獲得する道筋を考えよう。

　図 5.3 は、細胞が栄養素からエネルギーを得る主要な道筋を示している。
エネルギーは一般に、**ATP（アデノシン三リン酸）**という低分子に蓄えられる。
　　　　　　　　　　　adenosine triphosphate
したがってここでは、食物が分解されて放出されるエネルギーがどのように
ATP に蓄えられるかを学ぶことになる。

5.2.2　ATP とはどのようなものか

　ATP は、核酸の塩基でもあるアデノシンにリン酸基が 3 個結合している。
このリン酸基の結合は**高エネルギーリン酸結合**とよばれ、結合が形成される
　　　　　　　　　　　high-energy phosphate bond
にはエネルギーを必要とし、一方、リン酸基を酵素的に外すときにはそこに

蓄えられているエネルギーが放出される。生物はほとんどのエネルギーを
ATP に蓄え、必要に応じて ATP の分解によってエネルギーを取り出す。なお、
アデノシン一リン酸は AMP、アデノシン二リン酸は ADP である。
adenosine monophosphate　　　　adenosine diphosphate

　ATP が ADP に分解されると、1 モル*につき約 7.3 キロカロリーというエ
ネルギーが放出される。この量は、生体内のいろいろな反応にはちょうど
いい量で、このエネルギーが体の種々の反応を進めるのに用いられる。ATP
は体内に大量に蓄えることはできないので、常に ATP と ADP の変換反応が
起こっている。1 日にヒトの体がつくる ATP の量は、体重とほぼ同じにな
るといわれる。

POINT
モル

モルは、分子量
（p.15）にグラ
ムをつけたもの。
ATP は分子量が約
507 なので、1 モ
ルは約 507 グラ
ム。

5.2.3　解糖系とクエン酸回路

　私たちの細胞における主要なエネルギー源は**グルコース**（ブドウ糖）であ
glucose
る。私たちはデンプンのような多糖類やフルクトース（果糖）、スクロース
（ショ糖）などの糖質を食物として摂取し、それを**グリコーゲン**という多糖
glycogen
にして肝臓や筋肉に蓄えている。グリコーゲンはふたたび分解されて、グル
コースという単糖になる。これが**解糖系**という分解過程の出発点である。グ
glycolytic pathway
ルコースには炭素が 6 個あるが、グルコース 1 分子は炭素が 3 個のピルビン
酸という分子 2 個に分解される。解糖系は細胞質で進行し、その過程で 2 個
の ATP が生じる。

　生じた**ピルビン酸**は、ミトコンドリアの内部に入り、アセチル CoA とい
pyruvic acid
う、炭素 2 個の分子になる。1 個の炭素は二酸化炭素 CO_2 として排出され
る。アセチル CoA はその構成要素の一部（アセチル基）をオキサロ酢酸に
渡し、オキサロ酢酸はクエン酸になる。ここから、**クエン酸回路**という複雑
citric acid cycle
な反応系によって、最終的にまたオキサロ酢酸が生成する。クエン酸回路で
は ATP は少ししかつくられないが、NADH や $FADH_2$ という補酵素が生成し、
これらは電子を放出する性質をもっている。

5.2.4　ミトコンドリアと電子伝達系

　NADH や $FADH_2$ の電子は、**ミトコンドリア**の内膜にある**電子伝達系**（図
mitochondrion　　　　　　　　　　　　　　electron transport chain
5.4）とよばれる種々のタンパク質、鉄、銅などの巨大な複合体の中を次々
と通り、その間に水素イオン H^+ を生成して、ミトコンドリア膜間腔に放出
する。H^+ が膜間腔に蓄積すると、その濃度勾配によって H^+ は内膜を横切っ
て基質に戻ろうとする。そのとき、H^+ が内膜にある ATP 合成酵素がつくる
すきまを通り、ADP にエネルギーを与えて ATP に変換させる。この反応を

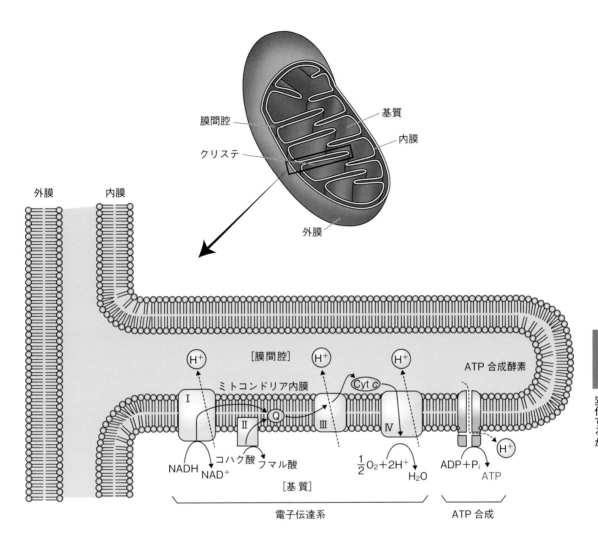

図5.4　ミトコンドリアにおける好気呼吸
ミトコンドリア内膜における電子伝達系と
ATP産生の模式図。Cytはシトクロム。

進めるには、H^+が電子伝達系を一定の方向に移動しなければならない。そのためには、H^+が酸素と結合して水を生成する反応が必要である。わずかな嫌気生物を除いて、ほとんどの生物が酸素を必要とするのは、そのためである。

　こうして、1分子のグルコースが解糖系、クエン酸回路、電子伝達系と形を変えていく過程で、計算上は38個のATPが生じる。実際は過程の途中で若干のロスがあるので、生成されるATPは32個といわれる。

5.3　その他の栄養素とエネルギー

5.3.1　脂質やタンパク質からのエネルギー獲得

　脂質、とくにトリグリセリドは**グリセロール**と**脂肪酸**に分解され、グリ
lipid　　　　　　　　　　　　　glycerol　　　fatty acid
セロールは形を変えて解糖系に入ってエネルギーを生み出す。脂肪酸は、
β 酸化とよばれる過程を経て**アセチル CoA** になり、**クエン酸回路**に入る。
β-oxidation　　　　　　　　acetyl-CoA　　　　citric acid cycle
脂肪酸の β 酸化によって得られるエネルギーは、グルコースの場合より大き
く、1 分子のパルミチン酸（代表的な脂肪酸）からはおよそ 129 分子の ATP
が得られる。1 グラムあたりでは、脂肪酸はグルコースの約 2 倍のエネルギー
を与える（☞ 8.2.3）。

　タンパク質はアミノ酸に分解され、アミノ酸の種類によってピルビン酸、
アセチル CoA に変換されてクエン酸回路に入るか、直接クエン酸回路に取
り込まれる。

5.3.2　発酵と腐敗

　ミトコンドリアにおけるエネルギーの獲得は、最終的に酸素を必要として
いるので、好気呼吸とよばれる。一方、生物の中には、酸素の非存在下でエ
ネルギーを得ているものも多い。ヒトと関係が深いものとしては、酸素を必
要としないでエネルギーを得る発酵という経路（嫌気呼吸）がある（図 5.3）。

　発酵は私たちにとってなじみ深い現象である。発酵食品としてはアルコー
fermentation
ル飲料の他に、チーズ、ヨーグルト、味噌、醤油、鰹節、キムチなど枚挙に
いとまがない。発酵は、解糖系で生じたピルビン酸がアセチル CoA に変化
することなく、還元されて乳酸やアルコール（エタノール）に変化する。乳
酸を生じるのが**乳酸発酵**、アルコールを生じるのが**アルコール発酵**である。
lactic acid fermentation　　　　　　　　　alcohol fermentation
これらの発酵に関わるのは主として種々の酵母菌で、人類は古くから様々な
酵母菌を用いて発酵食品を生産してきた。

　発酵では解糖系で生じる ATP だけがエネルギーの貯蔵分子であり、好気
呼吸における ATP の生成とは比較にならないぐらい少ない。それでも発酵
の過程で NADH から生成される NAD$^+$ が、解糖系の補酵素として働くので、
解糖系の反応を進めることができる。

　腐敗は、バクテリアや酵母菌など種々の微生物によって糖質やタンパク質
putrefaction
が変性させられ、とくにヒトに有害な物質を生じることである。硫化水素や

アンモニアを生じると特有の腐敗臭を発生する。

5.4 生体高分子の合成

5.4.1 異化と同化

ヒトを含めて動物は、食物を食べてそれを分解してエネルギーを獲得することを述べた。それと同時に動物は、食物から自分の体をつくる高分子を合成しなければならない。食物に含まれる多くの高分子（タンパク質、糖質、脂質、核酸）は消化酵素によって一度低分子まで分解される。高分子はこれらの低分子の素材から合成される。食物中の高分子を低分子に分解することを**異化**、低分子から高分子を合成することを**同化**という。
catabolism　　　　　　　　　　　　　　　　　　anabolism
同化にはエネルギーと、低分子の素材を結合するための酵素を必要とする。

5.4.2 グリコーゲン生合成

グルコースなどの単糖は、肝細胞や筋細胞において、**グリコーゲン**に合成
される。まずグルコースがリン酸化されてグルコース -6- リン酸、グルコー glycogen
ス -1- リン酸となり、これが UTP という分子と反応して UDP グルコースとなり、そのグルコースが酵素の作用で次々とつながってグリコーゲンとなる。この反応は血糖値を調節するのに重要であり（☞ 10.3.1）、インスリンによる制御を受ける。

【発展】 酵素の分類と働き

5.2 で述べた解糖系では、グルコースは 10 の中間産物を経てピルビン酸に変換される。そのすべてのステップで固有の酵素が働いている。またクエン酸回路でも 10 個の分子の変化すべてに酵素が作用する。このように、**酵素** enzyme
は細胞中のほとんどすべての化学反応（代謝）に関与するので、きわめて多様である。

酵素は現在、大きく 6 種類に分類され、国際的な委員会によってそれぞれの酵素に固有の番号が割り当てられている。6 種類は、酸化還元酵素、転移酵素、加水分解酵素、除去付加酵素、異性化酵素、合成酵素である（表 5.1）。

酸化還元酵素は、分子の間で水素原子を移動させたり、分子に酸素を添加 oxidoreductase
したりする。アルコールデヒドロゲナーゼはアルコール発酵にも関わる酵素

表 5.1　酵素の分類

大分類番号	酵素の種類
1	酸化還元酵素
2	転移酵素
3	加水分解酵素
4	除去付加酵素
5	異性化酵素
6	合成酵素

である。

転移酵素（transferase）は、ある分子から別の分子へ原子団を移動させる酵素である。**加水分解酵素**（hydrolase）は、ある分子を加水分解する酵素で、多くの消化酵素がこれにあたる。ペプシンのようなタンパク質分解酵素は、ペプチド結合を加水分解して、タンパク質を分解する。

除去付加酵素（リアーゼ lyase）は、分子の中にある二重結合を開いて、そこに置換基を挿入したり、逆に置換基を除去して二重結合をつくる酵素である。

異性化酵素（isomerase）は、分子の中での反応を触媒する。解糖系で、グルコース-6-リン酸がフルクトース-6-リン酸に変化する反応はホスホグルコースイソメラーゼという異性化酵素の働きによる。

合成酵素（リガーゼ ligase）は、ATP の加水分解によるエネルギーを用いて触媒作用を発揮する酵素で、生合成の経路で重要である。

このように酵素は、実に多様な作用をもち、生体内での化学変化のすべてに関わっている。したがって、酵素タンパク質をコードしている遺伝子の発現を調節することは、生体内の代謝の**恒常性**（homeostasis）の維持に重要である。

6 章 遺伝子と遺伝は どのように関係しているか

遺伝という現象については、中学校以来学習してきた。その主な内容は、遺伝
現象の法則としてのメンデルの法則、**遺伝子**の本体が DNA という化学物質である
こと、DNA と染色体の関係、遺伝子とタンパク質の関係、などである。しかし、
これまでに学習したことで、私たちが身の回りで観察する様々な遺伝現象をきちん
んと説明できるだろうか。血液型はまさに遺伝現象で説明されるが、血液型によ
る性格判断はどうだろうか。また、近年さかんにいわれる遺伝子工学によってヒ
トの性質などを変えることは実現可能なのだろうか。本章では、遺伝子の本体と
しての DNA についてより深く学び、それに基づいて遺伝子からタンパク質がつく
られる過程やヒトの遺伝の様式について学習しよう。

6.1 遺伝子の本体としての DNA

6.1.1 DNA の構造と遺伝子

4 章で、**DNA** の構造について学んだ。DNA は糖、リン酸、塩基からなる
単位（ヌクレオチド）が多数つながった構造をしている。ヌクレオチドの糖
はデオキシリボースであり、リン酸もすべてのヌクレオチドに共通している
が、塩基にはアデニン (A)、シトシン (C)、グアニン (G)、チミン (T) とい
う 4 種類があり、DNA 上の塩基配列が遺伝情報として働いている。DNA は
二本鎖の分子で、その中では向かい合った A と T、C と G が水素結合で結
びついて二重らせん構造を形成している。

DNA はきわめて長い分子で、たとえばヒトの DNA は約 30 億ヌクレオチ
ド対からなっている（ヒトの DNA は 46 本の染色体に分かれて含まれてい
る）。ヒトにはおよそ 22,000 個の遺伝子があるが、それでもこの長い分子の
中で、遺伝子として働く領域はわずか 1% である。その他の DNA 領域は遺
伝子としての機能をもっていない*。

6.1.2　塩基とアミノ酸

　DNA の 3 個の塩基の組合せが 1 個のアミノ酸を指定して、そのことがタンパク質をつくる情報源となっている。一般的に塩基とアミノ酸の対応というときは mRNA（後述）の塩基を用いるので、T の代わりにウラシル (U) を使う。たとえば AAA という塩基配列はリシンというアミノ酸に対応するし、UUU はフェニルアラニン、GCG はアラニン、などである。一つの三つ組は一つのアミノ酸のみに対応しているが、いくつかの組が同じアミノ酸を指定している。また、AUG はタンパク質の最初のアミノ酸であるメチオニンを、UAA、UAG、UGA は、タンパク質の配列の最後を意味する。このような三つ組は**コドン**とよばれる。表 6.1 を参照されたい。

表 6.1　コドン表

第 2 文字

	U	C	A	G	
U	UUU ⎤ Phe UUC ⎦ UUA ⎤ Leu UUG ⎦	UCU ⎤ UCC ⎥ Ser UCA ⎥ UCG ⎦	UAU ⎤ Tyr UAC ⎦ **UAA** 終止 **UAG** 終止	UGU ⎤ Cys UGC ⎦ **UGA** 終止 UGG Trp	U C A G
C	CUU ⎤ CUC ⎥ Leu CUA ⎥ CUG ⎦	CCU ⎤ CCC ⎥ Pro CCA ⎥ CCG ⎦	CAU ⎤ His CAC ⎦ CAA ⎤ Gln CAG ⎦	CGU ⎤ CGC ⎥ Arg CGA ⎥ CGG ⎦	U C A G
A	AUU ⎤ AUC ⎥ Ile AUA ⎦ **AUG** Met（開始）	ACU ⎤ ACC ⎥ Thr ACA ⎥ ACG ⎦	AAU ⎤ Asn AAC ⎦ AAA ⎤ Lys AAG ⎦	AGU ⎤ Ser AGC ⎦ AGA ⎤ Arg AGG ⎦	U C A G
G	GUU ⎤ GUC ⎥ Val GUA ⎥ GUG ⎦	GCU ⎤ GCC ⎥ Ala GCA ⎥ GCG ⎦	GAU ⎤ Asp GAC ⎦ GAA ⎤ Glu GAG ⎦	GGU ⎤ GGC ⎥ Gly GGA ⎥ GGG ⎦	U C A G

第 1 文字（5′ 末端）　　　第 3 文字（3′ 末端）

アミノ酸の略号と名称
Phe：フェニルアラニン、Leu：ロイシン、Ser：セリン、Tyr：チロシン、Cys：システイン、Trp：トリプトファン、Pro：プロリン、His：ヒスチジン、Gln：グルタミン、Arg：アルギニン、Ile：イソロイシン、Met：メチオニン、Thr：トレオニン、Asn：アスパラギン、Lys：リシン、Val：バリン、Ala：アラニン、Asp：アスパラギン酸、Glu：グルタミン酸、Gly：グリシン

6.1.3 DNA から RNA への転写

DNA は長い分子であり、そのあちこちに遺伝子として働く領域があることを述べた。遺伝子の情報をもとにタンパク質をつくるときには、まずその情報を別の分子であるメッセンジャー RNA(mRNA) に写し取る。これを遺伝子の転写*（図 6.1）という。

RNA は DNA とよく似た分子であるが、糖がリボースであること、塩基として T の代わりに U（ウラシル）が使われること、そして DNA のように二本鎖ではなく、ほとんど常に一本鎖であることが、DNA との違いである。

ある遺伝子の情報をもとにタンパク質をつくるときは、まず DNA がほどけて一本鎖になり、RNA ポリメラーゼ（RNA 合成酵素）の働きで、一方のDNA 鎖と同じ mRNA がつくられる。つまり、一方の DNA 鎖の塩基配列がATCG であるとすると、つくられる mRNA は UAGC という塩基配列をもつことになる。このような配列を**相補的配列**という。

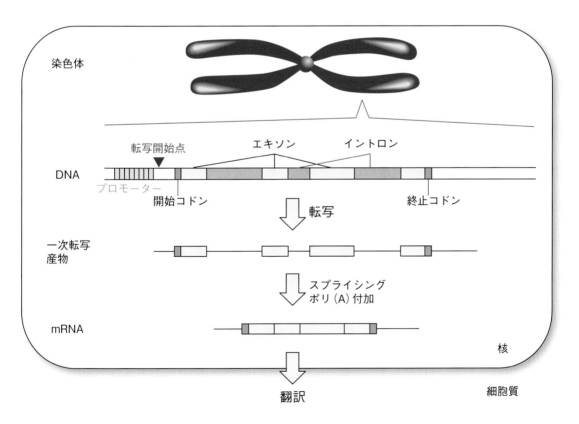

図 6.1 遺伝子の転写
遺伝子の構造と、mRNA への転写過程。

　ある遺伝子を構成する DNA の配列中には、ポリペプチドのアミノ酸配列に対応しない部分がある。これは**イントロン**とよばれる。アミノ酸配列に対応する部分は**エキソン**とよばれる。普通、mRNA はエキソン、イントロンを問わず、遺伝子の端から端まで合成されるが、そのうちイントロン部分はmRNA が核から細胞質に出る以前に削除される（**スプライシング**）。

6.2　翻訳とタンパク質の行方

6.2.1　リボソームとリボソーム RNA

　3 章で、細胞質には**リボソーム**という粒子状の構造が多数存在することを学んだ。リボソームが実際にポリペプチドを合成する場である。リボソームは、**リボソーム RNA（rRNA）** とタンパク質の複合体で、大小二つのサブユニットからなる。リボソームは原核細胞、真核細胞の両方に見られるが、その大きさが若干異なっている。リボソームは細胞がタンパク質を合成するためには必須の小器官であり、それを構成する RNA やタンパク質にわずかな変異が生じても細胞は生存できない。したがって、rRNA の塩基配列やリボソームタンパク質のアミノ酸配列は生物界を通じてよく保存されている。それで、種々の生物の分類（系統）を調べるときに、rRNA の塩基配列を比較することがよく行われている。

6.2.2　翻訳と転移 RNA

　mRNA に写し取られた情報をもとにしたリボソームにおけるポリペプチド（タンパク質）の合成は**翻訳**とよばれる。核から細胞質に運ばれたmRNA は、リボソームのサブユニット間にあるトンネルのような構造の中に入り、そこで mRNA のコドンに対応したアミノ酸が次々とペプチド結合でつながって、ポリペプチド鎖が合成される（図 6.2）。

　アミノ酸は自動的につながるのではない。20 種類のアミノ酸にはそれぞれが結合する特異的な**転移 RNA（tRNA）** という分子があって、その分子は別の領域で mRNA のコドンを認識する。たとえば、mRNA に CUG というコドンがあると、それを認識する tRNA があり、その tRNA にはロイシンが結合している。リボソームが mRNA 上を移動するにつれて、そのコドンにアミノ酸を連れた tRNA が結合し、アミノ酸を放出する。アミノ酸は mRNA 上のコドンの配列の順にペプチド結合する。こうして mRNA の情報にした

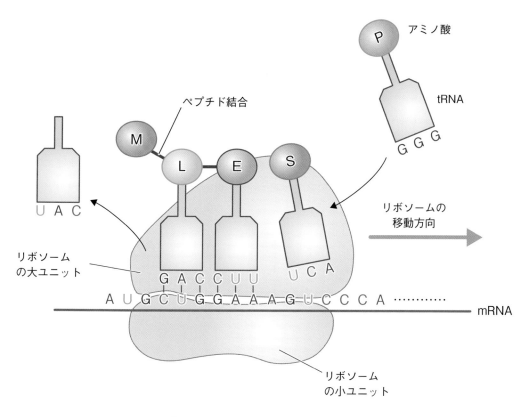

図 **6.2**　リボソームにおける翻訳過程
　　アミノ酸は、M:メチオニン、L:ロイシン、E:グルタミン酸、
　　S：セリン、P：プロリン。mRNA 上の塩基配列と tRNA の塩
　　基配列が相補的であることに注意。

がってポリペプチド鎖が合成される。

6.2.3　セントラルドグマ

POINT
逆転写酵素

逆 転 写 酵 素 は、
RNA を鋳型にして
DNA を合成する
酵素である。現在
の分子生物学では、
例えば mRNA から
DNA を合成すると
きなど、逆転写酵
素を駆使している。

　細胞の中では、核の DNA に蓄えられた情報が mRNA に写し取られ（転写）、その情報が細胞質のリボソームにおけるポリペプチド鎖の合成（翻訳）に用いられる。このように、遺伝情報は DNA ⇨ mRNA ⇨ポリペプチド鎖という方向に流れて、逆行することはない。このように、遺伝情報が一方向にのみ流れることは、生物の性質を考える上でとても重要であるので、中心的規則あるいは**セントラルドグマ**とよばれる。この用語は、DNA の構造決定で
central dogma
ワトソンとともにノーベル賞を受賞したクリックが提唱した。現在では、ある種の RNA ウイルスは自分の遺伝物質である RNA から、**逆転写酵素***を用
reverse transcriptase
いて DNA を合成することがわかっているが、これは例外的なことである。

6
章

遺伝子と遺伝はどのように
関係しているか

6.2.4　タンパク質の行方

　リボソームで合成されたポリペプチド鎖は、多くの場合、立体構造が変化し、糖質や脂質などが付加される。このような変化は**ゴルジ体**の中で行われ、_{Golgi body}その後、それぞれの機能の場に輸送される。たとえば、細胞外に分泌されるタンパク質や、細胞膜の構成成分として働くタンパク質は、**分泌顆粒**という_{secretory granule}小胞に詰め込まれて輸送される。このような分泌性のタンパク質の一部には、その行き先を示すアミノ酸配列があり、郵便物の荷札のような役割を担っている。

6.3　DNA の複製と突然変異

6.3.1　DNA の複製

　細胞が分裂するときには DNA も複製して、それぞれの娘細胞に渡される。DNA は細胞の性質を決める重要な情報を担っているので、DNA の複製は正確に行われなければならない。細胞が分裂を始めると、DNA は、転写のときと同じように二本鎖がほどけて一本鎖になるが、全部で 30 億塩基対もある DNA が端から順次ほどけていくと膨大な時間がかかる。したがって**DNA 複製**時には、DNA 分子の多くの箇所で同時に鎖がほどける。
　ほどけた DNA の一本鎖にすぐに **DNA ポリメラーゼ**（DNA 合成酵素）が結合して、各塩基に対応する相補的塩基をもつヌクレオチドをつなぎ合わせていく（図 6.3）。このとき、DNA ポリメラーゼは、DNA の 5′ から 3′ の方向にヌクレオチドを結合するので、2 本あるもとの DNA の一本鎖では、結

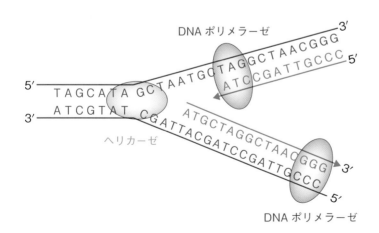

図 6.3　DNA の複製
ヘリカーゼによって二本鎖（赤）が開裂し、DNA ポリメラーゼが相補的な新しい鎖（青）を合成する。矢印は合成の方向を示す。

合の方向が逆になっている。1本の鎖については新たに合成される鎖は連続的に伸長できるが、他方は短い鎖が生じて、それが DNA リガーゼという酵素でつなぎ合わされる。もとの鎖と新しく合成された鎖の塩基間には水素結合が生じて、二本鎖 DNA となる。

このように DNA の複製では、鋳型となる DNA の1本の鎖に相補的な新しい鎖が合成されるので、新しい DNA 分子は、1本のもとの鎖と、1本の新しい鎖からなる。このような複製を「**半保存的複製**」とよぶ。
semiconservative replication

6.3.2 DNA の突然変異

DNA の複製はきわめて正確に行われる。たとえ若干の間違いがあっても、それを訂正するしくみが備わっている。それでもまれに新しい DNA に誤りが残ることがある。相補的塩基ではなく別の塩基が取り込まれると DNA のもつ情報が変化する。これを**突然変異**という。1個の塩基が変化するのを点
mutation
突然変異という。点突然変異によってそれを含むコドンが別のアミノ酸を指定するようになると、タンパク質の一次配列（アミノ酸配列）が変化して、タンパク質の機能にも影響を与えることがある。コドンが変化して、終止コドンが出現すると、短いタンパク質が合成されてしまう。さらに1個の塩基

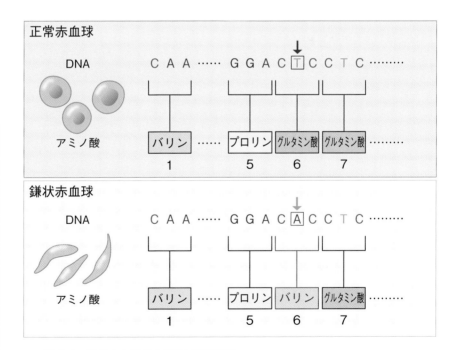

図 **6.4**　鎌状赤血球貧血症*と突然変異
　β グロビン遺伝子の矢印の塩基が T から A に変異することで、アミノ酸がグルタミン酸からバリンに変異している。

対が欠損したり余分に入ったりすると、コドンの枠組みがずれて、まったく別のアミノ酸配列が生じることもある。

　鎌状赤血球貧血症という病気は、今でもアフリカではかなりの頻度で生じ
sickle cell anemia
ている。この病気にかかるヒトの**ヘモグロビン遺伝子**（酸素の運搬に関わるタンパク質をコードしている）には、点突然変異があり、ヘモグロビンタンパク質のたった1個のアミノ酸が変化している（図6.4）。これによってこのタンパク質の酸素運搬能力は低下し、両親から受け継いだ2個の遺伝子がともに変異していると、ほとんどの場合、若いうちに死亡する。また、ABO式血液型は、赤血球の表面にある血液型物質を合成する酵素の遺伝子が、塩基置換を起こしてアミノ酸が置換するか、あるいは途中でタンパク質の合成が止まることによる（☞6.4.3）。

　これらの変異が体細胞の分裂のときに起こっても、周囲の細胞は正常であるので、あまり影響はない。ただ、いくつかの遺伝子に生じた突然変異はその細胞をがん化させることがある。また生殖細胞に生じた変異は、次の世代に伝わる。これが、長い年月を経て、生物の性質がしだいに変化して進化する原因となる（13章）。

6.4　ヒトの遺伝と遺伝子

6.4.1　遺伝とはどのようなことか

　親から子へ性質（形質）が伝わる**遺伝**とはどのようなことだろうか。ヒト
heredity
は誰でも父親と母親から同じ形質に関係する遺伝子を受け取る。両親からの遺伝子はまったく同じ場合も、少し違っている場合もある。もし両親のある遺伝子の塩基配列が異なると、そこから転写・翻訳されるタンパク質も異なることがある。それでもそのタンパク質が正常に働く限り、問題はない。もし、どちらかの遺伝子からつくられるタンパク質が異常であったり、タンパク質がまったくつくられないときでも、一方の遺伝子からのタンパク質が正常に働けば、問題はないことが多い。

　個人の身長や体重など、多くの形質は、1個の遺伝子によって決定されるのではなく、多数の遺伝子の働きで決まるし、発生や成長の間の環境によっても影響される。しかし、遺伝子の中には、それが正常に働かないと、その遺伝子をもつ個体に大きな影響を与える場合もある。たとえば、**血友病**とい
hemophilia
う病気は、けがなどをしたときに血液が凝固しにくくなる病気であるが、こ

れは単一の遺伝子に生じた変異によることがある。しかも、この遺伝子はX
染色体という**性染色体***の上にあり、男性はこの染色体を1本しかもってい
ないので、その遺伝子に異常が生じると、その男性は血友病になる可能性が
高い。このように、X染色体にある遺伝子の異常によって、男性に症状が現
れる病気はいくつか知られている。

6.4.2 親から子への遺伝子の伝わり

　細胞が分裂するとき、染色体とDNAは正確に複製されて、それぞれが娘
細胞に分配される。したがって、娘細胞は親細胞と同じ対になった染色体（つ
まり遺伝子）を受け取る。しかし、生殖細胞（精子と卵子）が形成される
とき（☞ 12.2.1）には、**減数分裂**とよばれる特別な分裂（図6.5）が起こり、
精子と卵子は染色体のどちらか一方のみを受け取る。ヒトには46本の染色
体があるが、簡単のために染色体が4本しかない場合を考えよう。この4本
は2対、つまり2本ずつがほとんど同じ遺伝子を含んでいる（**相同染色体**）。

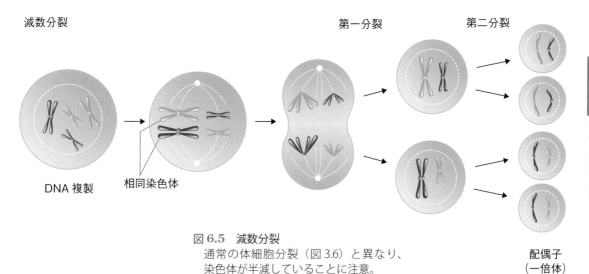

減数分裂　　　　　　　　　　　　　　　　　　　　第一分裂　　　　　第二分裂

DNA複製　　　　相同染色体　　　　　　　　　　　　　　　　　　　　　　配偶子
（一倍体）

図6.5　減数分裂
通常の体細胞分裂（図3.6）と異なり、
染色体が半減していることに注意。

　仮に4本の染色体をA1、A2、B1、B2としよう。生殖細胞が形成される
と、それぞれの細胞はA1とB1、A1とB2、A2とB1、A2とB2の4種類
の染色体の組合せのどれかをもつことになる。実際は、ヒトの染色体は46
本であるから、組合せの数は2^{23}となって、精子や卵子の遺伝的多様性が
とても大きくなることがわかるだろう。したがって、同じ親から生まれて
くる兄弟姉妹間でも、遺伝子が完全に一致することはありえないのである。
一卵性双生児*だけが完全に同一の遺伝子をもっている。

　減数分裂の過程で起こるもう一つの重要な出来事は、**乗換え**である。図6.5
の二番目の段階で、相同染色体が赤道面に並ぶが、このとき父親由来と母親
由来の染色体がそれぞれ対応する部分を交換することがある。これが乗換え
である（図6.6）。父親由来の染色体と母親由来の染色体はその後別の娘細
胞に分配されるが、それぞれの染色体の一部が異なっていることになる。こ
れにより、減数分裂の結果生じる配偶子には、父親の染色体とも母親の染色
体とも異なる染色体が含まれることになり、これが子のさらなる遺伝的多様
性を生み出す。図6.6では、一箇所のみの乗換えを示すが、通常は複数箇所
で乗換えが起こるといわれる。

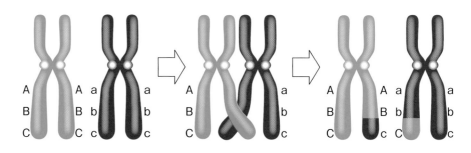

図 6.6　染色体の乗換え
相同染色体が近接して並び、染色体の一部
を交換する。A, B, C, a, b, c は遺伝子を表す。

6.4.3　ヒトの遺伝のわかりやすい例

　前述のように、1個の遺伝子のみによって決定される形質は少ない。しか
し、1個の遺伝子の変異がヒトの特定の特徴を決定することも知られている。
血友病や鎌状赤血球貧血症の例はすでに述べた

　ABO式血液型[*]は、よく知られた例である。赤血球の表面にある**糖鎖**は、
ABO system of blood group　　　　　　　　　　　　　　　　　　　　　　carbohydrate chain
抗体によって認識される抗原として働く（☞11.1.4）。糖鎖はきわめて多種
類であるが、そのうちある糖鎖の性質がABO式血液型を決定する。A型の
ヒトは、糖鎖のある部分に *N*-アセチルガラクトサミンという物質を、B型
のヒトは同じ部位にガラクトースを、AB型のヒトは両方をもつ。一方、O
型のヒトはこの部分に何もない（図6.7）。O型のヒトは、もともとAやB
の型物質（*N*-アセチルガラクトサミンやガラクトース）をもたないので、
これらの物質を含む糖鎖をもつ赤血球が体に入ってくるとそれに対して抗体
をつくってしまう。AB型のヒトは、もともとこれらの型物質をもっている
ので、それに対する抗体はつくらない。したがって、AB型のヒトはどんな

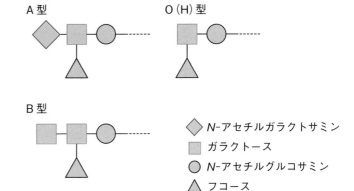

図 6.7　血液型を決める糖鎖
　AB 型のヒトは、A 型と B 型の両方の糖鎖構造をもっている。

凡例：
◇ *N*-アセチルガラクトサミン
□ ガラクトース
○ *N*-アセチルグルコサミン
△ フコース

血液型のヒトの血液でも受け入れることができるし、O 型のヒトは O 型の血液しか受け入れられない。A 型のヒトは AB 型や B 型の血液を、B 型のヒトは AB 型や A 型の血液を受け入れられない。もちろん、実際の輸血などにあたっては ABO 以外の血液型も考慮するので、これほど簡単ではない。

　飲酒後のアルコールは、肝臓の**アルコールデヒドロゲナーゼ**という酵素によってアセトアルデヒドに変換される。**アセトアルデヒド**は、いわゆる二日酔いなどの原因となる。アセトアルデヒドは**アセトアルデヒドデヒドロゲナーゼ 2（ALDH2）**によって酢酸に分解される。ALDH2 は 517 個のアミノ酸からなるタンパク質で、それをコードする DNA のある 1 塩基が G か A かで、酵素の作用が大きく異なる。2 個ある遺伝子のうち両方とも G である GG タイプが本来であるが、一方が A に置換している GA タイプではこの酵素の活性は GG タイプの 10％以下である。AA タイプではアセトアルデヒドを分解することはきわめて難しい。西欧人はほぼ 100％が GG タイプであるのに対して、日本人の 40％は GA であり、AA のヒトも 4％存在する。もちろん、この場合もアルコールに対する感受性は、その他の要因にも依存するので、ALDH2 のタイプだけで決まるわけではない。

　昔から、**耳あか**が湿っている（ウエット）と乾いている（ドライ）という性質がメンデル遺伝する（単一の遺伝子に依存する）ということがいわれてきた。ドライタイプは東アジアに多く、西欧などではまれである。この原因遺伝子について、*ABCC11* という遺伝子の、538 番目の塩基が G であるかどうかで、ウエットかドライかが決まる、ということが報告された。AA であるとドライ、GG であるとウエットになる。この場合は、GA は中間形ではなくウエットである。このように、中間形がなくて、どちらかの性質が現れる場合、遺伝学的には G が A に対して**優性***である、という。
<small>dominant</small>

【発展】　遺伝子工学とヒトの遺伝子の改変

遺伝子工学の方法

　DNA は比較的単純な化学分子が長くつながったものである。20 世紀の後半から生化学者や分子生物学者は、DNA を自由に切断したりつなげたりする技術を開発してきた。その中でもっとも重要なのは**制限酵素***である。これは、ほとんどがバクテリアのつくる酵素で、DNA の特異的な塩基配列を認識して DNA を切断する。たとえば、大腸菌がつくる *Eco*R1 とよばれる酵素は、DNA 上の GAATTC（反対側は CTTAAG）という塩基配列を認識して、DNA を切断する。現在では数百種類の制限酵素が知られていて、これを用いると DNA をいろいろなところで切断できる。たとえば、ある遺伝子の両端に、適当な切断部位があれば、その遺伝子を切り出すことができる。切り出した遺伝子を、適当な方法で他の領域につなぐこともできる。こうして、遺伝子を移動させることもできるし、遺伝子内の特定の箇所だけ削除することもできる。**遺伝子工学**とは、このように DNA を思うがままに改変する技術である。

restriction enzyme

gene engineering

DNA クローニング

　クローンとは、同じ性質をもったものの集まりである。たとえば、クローン動物というのは、同じ DNA（遺伝子）をもつ動物のことである。クローンをつくることを**クローニング**という。DNA のクローニングとは、特定の遺伝子のコピーをたくさんつくることで、それによってその遺伝子の性質を調べることができる。

　ほとんどの遺伝子は細胞の中に 1 個しかない。母親から受け取った遺伝子と父親から受け取った遺伝子があるが、それも完全に同じではないことがある。このように、1 個しかない遺伝子を解析するのは大変なので、まず、その遺伝子をクローニングしなければならない。

　現在では、その DNA の塩基配列が少しでもわかっていると、その情報をもとに DNA のコピーをつくる **PCR** という方法が確立していて、たくさんのコピーをつくることができる。PCR とはポリメラーゼ連鎖反応（polymerase chain reaction）の略である。増幅すべき DNA を熱処理で一本鎖にし、増幅させる領域の両側に相補的な配列（プライマー）を結合させて、その間の

POINT
制限酵素

制限酵素は、バクテリアがウイルスの侵入に抵抗するために産生する酵素。制限酵素は、現在の分子生物学や遺伝子工学で盛んに利用されている。

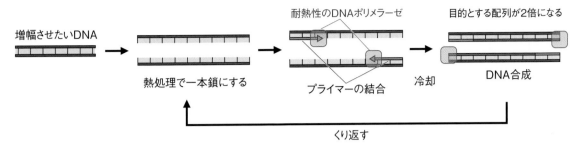

耐熱性のDNAポリメラーゼ

目的とする配列が2倍になる

増幅させたいDNA

熱処理で一本鎖にする

プライマーの結合

冷却

DNA合成

くり返す

図 6.8　PCR 法の原理の概略

DNA を高温でも作用する DNA ポリメラーゼを用いて合成、冷却して二重らせん状態に戻す。このような加熱と冷却のサイクルごとに、目的とする配列が 2 本、4 本、8 本……と、指数関数的に増加する（図 6.8）。

　また多くの場合、その DNA をベクターとよばれる特殊な DNA の中に組み込んでバクテリアに感染させ、バクテリアの DNA 合成工場を借りて、さらに多くの DNA コピーをつくる。ここでも制限酵素が絶大な力を発揮する。大量に得られた DNA コピーは、塩基配列の決定や、制限酵素を用いて断片化して、配列の個人差などを調べることに用いられる。犯罪捜査などで、個人を特定することが報道されるが、それには多くの場合この方法が用いられている。

ヒト遺伝子の改変とゲノム編集

　普通はヒトの遺伝子を改変することは許されない。しかし、たとえば白血病は、白血球のもとになる細胞の DNA に変異が起きていることが原因になる。そこで、白血球のもとになる細胞を体外に取り出して、その DNA を変化させて正しい遺伝子を導入することが試みられている。このような場合、細胞の中に正しい DNA を導入すると、それは変異した DNA 部分と置き換わって、正しいタンパク質をつくるようになるのである。また、実験動物、とくにマウスでは、このような遺伝子の改変はきわめて普通の手技となっていて、それによって特定の遺伝子の働きを推定したり、遺伝子の転写調節のしくみを解明したりすることができるようになっている（☞ 15.3.2）。

　また近年、**ゲノム編集***という技術が大きな注目を集めている。これは、
genome editing
外来遺伝子を導入せず、本来その生物がもっているゲノムを改変できる方法で、外来遺伝子による思わぬ変異の危険性を避けることができる。ゲノム編集はすでに多くの生物についてその有用性が実証されている。

POINT
ゲノム編集

ゲノム編集のうち、バクテリア由来の Cas9 というヌクレアーゼを用いた CRISPR/Cas9 法とよばれる編集方法が、効率や特異性の点で優れている。これを開発した 2 名の研究者は、2020 年ノーベル化学賞を受賞した。

6 章

遺伝子と遺伝はどのように関係しているか

7章 ヒトの体はどのようにできているか

ヒトの体には、およそ50兆個から100兆個の細胞があるといわれる。これらがみな同じ細胞でないことは一目瞭然である。外から見ただけでも、皮膚の細胞、眼の細胞（角膜の細胞、虹彩の細胞など）があるし、体の中のことを考えれば、脳、肝臓、腎臓、血管など、どれも異なる細胞からできていることは明らかである。逆に、体を構成するすべての細胞は、全部性質が違っているかというと、そうではない。細胞はその形や働きによっておよそ200種類に分けることができる。

さらに、これら200種類の細胞はよりおおまかなグループに分類することができ、そのグループは「組織」とよばれる。体をつくる部品である器官は、複数の組織からできている。ヒトなどの脊椎動物では組織は4種類である。ここではそれらについて、解説しよう。

体が細胞、組織、器官という、しだいに複雑になる構成要素からできていることがどのような意味をもつか、そして、それぞれの段階で生命を維持する働きがどのように作用するかも考えてみよう。

7.1 細胞と組織

7.1.1 単細胞生物と多細胞生物

細胞は生物が生きていくための最小単位である。生物の中には、1個の細胞からなるもの（**単細胞生物**）も多くいることからもこのことが理解される。
unicellular organism
一方、細胞の構成要素だけでは生物としての種々の機能を果たせない。

真核単細胞生物（ゾウリムシなど）（図7.1）はその細胞内に、遺伝物質 (DNA) とそれをもとにタンパク質を合成する装置、細胞が生存するのに必要なエネルギーを生産する装置（栄養分の分解に働く細胞小器官、解糖系、ミトコンドリア）、不要な物質を排出する装置、などを備えているし、栄養分をもとめて移動するための装置（繊毛や鞭毛）をもっているものも多い。このように、単細胞生物は、それだけで生存できる生物である。

地球上の生物進化の歴史を振り返ると、およそ46億年前に地球が誕生し、

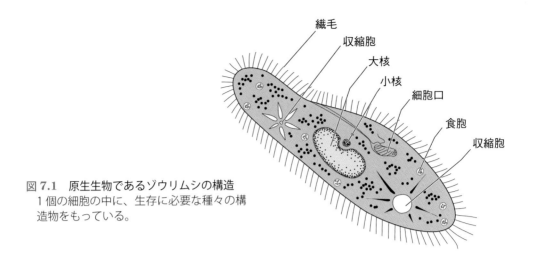

図7.1 原生生物であるゾウリムシの構造
1個の細胞の中に、生存に必要な種々の構造物をもっている。

40億年前に生物が出現した。最初の生命は現在のバクテリアに類似した生物で、もちろん単細胞であった。バクテリアのような原核生物はその後長い間地球上で唯一の生物であり、真核生物はおよそ20億年前にやっと出現したが、それも単細胞であった。1個の個体中に複数の細胞が存在する多細胞生物が進化したのは、10億年前であると考えられている（13章）。

　多細胞生物の出現は生物の進化を一気に加速させ、生物は多様化し、6億年前頃には、大爆発とよばれるほど多くの種類の生物が出現した。体の多細胞化は、それほど生物の進化に大きな影響を与えたのである。
multicellular organism

7.1.2　組織とはなにか

　多細胞化がどのように起こったかについてはまだ明らかでない点が多い。現生の動物の中で、カイメン（図1.3）などは、数種類の細胞がゆるく結合していて、少しずつ機能を分担している。たとえば、食物を取り込む襟細胞、骨片や海綿質をつくる細胞などである。生殖時期には精子や卵が襟細胞からつくられる。動物の中でもう少し体制がしっかりしているのが、クラゲやサンゴの仲間である刺胞動物で、細胞の結びつきも強くなり、細胞の種類も増えて機能分担もはっきりしてくる。前述のように、脊椎動物ではおよそ200種類の細胞があるといわれる。

　体の細胞数が多くなり、機能分担が進むと、それらの細胞はその形態や機能といった特徴に基づいて分類することができる。それが「**組織**」である。
tissue
組織の定義は「体の中で、類似した構造と機能をもつ細胞の集団」である。後述のように、体を構成する器官は多くの場合複数の組織から構成される。

つまり、細胞が集まって組織をつくり、組織が集まって器官をつくる。ここで注意しなければならないのは、細胞も器官も眼で見ることのできる「実体」であるのに対して、「組織」は眼で見ることができない、ということである。つまり組織は人間が考え出した抽象的な概念である。

　組織をわかりやすい例にたとえてみよう。個体を社会に、社会をつくる会社や大学を器官に、それぞれで働く人間を細胞にたとえよう。もちろん社会にはその他にもいろいろな構成要素があるが、ここでは会社と大学だけにしてみよう。会社にはいろいろな種類がある。ものを生産する会社、ものを販売する会社、ものを流通させる会社、などである。これは体の器官が様々な働きをするのと似ている。しかし、どの会社にも共通して、営業、経理、総務、などの部署があり、そこで働く人々の仕事はどの会社でも比較的似ているだろう。そこで、会社という器官を構成する営業組織、経理組織、総務組織、などを考えることができる。大学の場合には、学生組織、教員組織、職員組織などがある。それぞれの組織に属する人間は、組織の細胞ということになる（図7.2）。

　脊椎動物には大きく分けて4種類の組織がある（表7.1）。上皮組織、結合組織、神経組織、筋（肉）組織である。このうち、神経組織と筋組織は、わかりやすいであろう。上皮組織と結合組織については、少し詳しい説明が必要である。

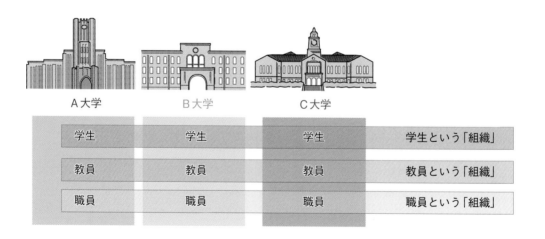

図7.2　組織を理解するための模式図
　大学の特徴はいろいろでも、そこには学生、教員、職員など、共通の集団がある。大学は体の器官、集団は組織に相当する。

表 7.1 脊椎動物の組織

組織名	構成細胞	主な機能と特徴
上皮組織	上皮細胞	動物の内外の表面を覆う。細胞間の接着が密。細胞外物質は少ない。生体の防御、吸収、分泌活動を行う。
結合組織（広義の）		
結合組織（狭義の）	繊維芽細胞	各組織間の充填。上皮組織の機能維持。細胞外物質が豊富。
骨組織	骨細胞	生体の姿勢の維持。カルシウムの沈着。血管あり。
軟骨組織	軟骨細胞	生体の姿勢の維持。可動性の保持。コンドロイチン硫酸が豊富。血管なし。
血球組織	血球	酸素運搬。生体防御。恒常性維持。
神経組織	神経細胞（ニューロンほか）	興奮伝導。行動の制御。複雑なネットワーク。
筋（肉）組織	筋細胞（筋繊維）	収縮機能。収縮タンパク質をもつ。

7.2 脊椎動物の組織

7.2.1 上皮組織

　上皮組織を説明する例として、ヒトの**皮膚**と**小腸**の構造を考えよう（図7.3）。皮膚は外部環境に面していて、そこから病原菌や有害な物質が侵入することを防ぐ重要な働きをもっている。そのため、皮膚の一番外側の層は、細胞どうしが密着して、しかも細胞が積み重なった重層構造をしている。この層は皮膚の**表皮**とよばれる。表皮の下（内側）には、細胞どうしが必ずしも密着していないで、細胞と細胞の間に種々の物質を蓄えた層が見られる。これは**真皮**とよばれる。

　一方、小腸は、食べ物を消化する管状の構造物である。その内面は、実は口を通して外界とつながっている。食物中にはやはり病原菌や有害物質などがあるので、この内面の細胞も互いに密着して、これら危険なものが体の中に侵入することを防いでいる。ただし、表皮とは異なり、腸の内面には1層の細胞しかない。この層の周りには、皮膚の真皮と似た、細胞どうしが密着しない層がある。

　皮膚の表皮と小腸の内面の細胞層は、どちらも細胞どうしが密着するという形態と、外部からの有害物質が通り抜けないようにしている、という生体

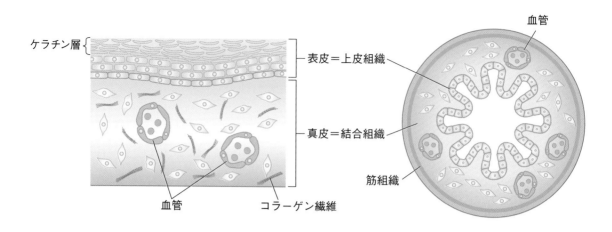

図 7.3　皮膚と小腸における組織
　皮膚も小腸も、上皮組織、結合組織、筋組織をもつ。
　この他、神経組織も含まれている。

防御の機能が共通している。そこで、このような働きをする細胞のグループを上皮組織という。上皮組織は、体の外面、内面を覆うだけでなく、体の内部で、物質が自由に通り抜けては困るような管状の構造の内面にもある。たとえば血管の内側には血液があるが、これが自由に血管の壁を通り抜けては困るので、血管の内表面には**内皮**とよばれる上皮組織があって、血液が漏れendotheliumないようにしている。その他、腎臓の内部にあるたくさんの管や、尿を運ぶ尿管などもその内面は上皮組織で覆われている。つまり上皮組織は、体の外部と内部を仕切るだけではなく、体の中に仕切りをつくるのに役立っている。

　上皮組織を構成する細胞を上皮細胞という。上皮細胞は、前述のように互いに密着しているのが特徴であり、そのために細胞と細胞の間には物質がそれほど多くは存在しない。

　上皮細胞は、物理的に有害物質を排除したり生体内の物質の行き来を制限したりするだけでなく、表皮から生じる汗腺や乳腺、消化管上皮から生じる胃腺などのように、種々の作用をもつ物質を**分泌***するという重要な機能をsecretionもつ。また、小腸の上皮細胞のように、消化された栄養分を吸収するという働きもある。さらに、毛や爪なども上皮細胞によってつくられる。

7.2.2　結合組織

　皮膚の真皮や、小腸の上皮組織を取り囲む細胞層は、上皮組織がその機能を果たすのに重要な役割を担っている。ここの細胞は互いに密着せず、その周囲に大量の細胞外物質（細胞外基質という）を分泌するのが特徴である。

POINT
分泌腺

細胞が産生した種々の物質を体の表面や血液中に放出する構造。本文の汗腺、乳腺、胃腺などは外分泌腺である。その他にも、ホルモンを分泌する多くの腺（内分泌腺）がある。

これらの細胞とその分泌物を含めて、**結合組織**（表7.1）とよぶ。結合組織
connective tissue
細胞には、いろいろな種類があるが、主要なものは**コラーゲン**繊維を分泌す
collagen
る**繊維芽細胞**である。結合組織は、種々の組織の間を充填し、組織の機能を
fibroblast
維持するのに重要である。

　骨や**軟骨**は、体の姿勢を維持することや運動に重要な組織である。骨と軟
bone cartilage
骨はそれを構成する細胞がそれぞれよく似ていて、その働きも似ていること
から、骨組織、軟骨組織とよばれ、ときには両者を結合組織に含めることが
ある。骨組織や軟骨組織も、それぞれの組織細胞と、周囲に分泌された基質
（骨基質、軟骨基質）からなる。また、血液組織は、組織細胞が**血球**であり、
blood cell
骨の内部で産生されることから、結合組織に含まれる。細胞外物質は血漿で
ある。

7.2.3　神経組織と筋組織

　上皮組織や結合組織にくらべると、**神経組織**と**筋組織**は比較的わかりやす
nervous tissue　muscle tissue
い。神経組織は、信号を伝えたり、思考や情緒を司るニューロンという神経
細胞（図7.4）と、それを保護するグリア細胞からなる。ニューロンは、形は様々
であるが、どれも細胞の一部が長く伸びた、軸索という電気信号を伝える構
造をもっていることが特徴である。神経組織には、皮膚の表面で温度や圧力
などを感じる感覚細胞や、眼の網膜の視細胞などの感覚細胞も含まれる。

　ヒトの体には、骨格筋や平滑筋など数種類の筋肉があるが、いずれも神経
の支配を受けて収縮するという共通の機能をもっているので、ひとまとめに
して筋組織とよばれる。

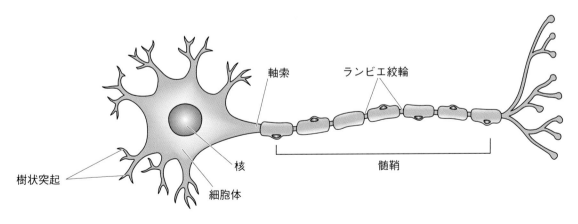

図7.4　神経細胞（ニューロン）
　核を含む細胞体と刺激を伝える突起（軸索と樹状突起）からなる。
　髄鞘（ミエリン鞘）は異なる細胞によって形成される。

7.2.4　組織と器官

　器官は体を構成する部品（パーツ）であり、皮膚、眼、心臓、胃など、いくつでも例をあげることができるであろう。最初にも述べたように、ほとんどの器官は複数の組織から構成されている。手という器官について考えると、表面は上皮組織である表皮によって覆われている。その下（内側）には結合組織である真皮が存在している。表皮は汗腺を形成し、爪をつくっている。さらに内側には、掌の骨や指骨などの骨組織があり、指の関節には軟骨組織がある。皮膚の内部には血管が走って血球組織を含んでいるし、多くの神経が感覚細胞からの情報を脳に送り、また脳からの指令によって筋肉が動かされる。このように、手という器官には、これまでに述べたすべての組織が含まれている。

　器官の機能は、その多くが組織細胞によって担われている。たとえば、肝臓は何十という働きをもっている（8章【発展】）が、その大部分は肝臓を構成する上皮細胞によってなされている。一方、肝臓のもつ生体防御の働きは、結合組織に由来するいくつかの細胞が担っている。したがって、器官の機能を理解するには、組織細胞の働きを知らなければならない。

　一方、器官を構成する組織は、独立に存在しているわけではない。組織と組織の間では、いつも情報交換が行われていて、それが器官全体として正しく機能するのに必須である。

7.3　生物における階層性

7.3.1　分子から細胞へ

　ヒトの体を中心に細胞、組織、器官という階層を見てきた。細胞は核やミトコンドリア、リボソームなどの細胞小器官の集合体であり、これらの小器官はタンパク質やRNA、その他の分子から構成される。細胞の働きがこれらの分子によって決まることはいうまでもない。もし、あるタンパク質に変異が起これば、それが直接細胞の機能に影響を与えるかもしれない。一方、分子の性質が細胞の形態に影響することはあるだろうか。分子は細胞にくらべるときわめて小さく、その変異が細胞の形態に影響することはあまりないと考えられるかもしれない。実際、タンパク質などの変異によって細胞の形が変わることはあまり知られていない。

　しかし、ある場合には、タンパク質のアミノ酸配列を指定するDNAの塩基配列が一つ変異しただけでも細胞の形が変化することがある。たとえば、鎌状赤血球貧血症（☞ 6.3.2）ではヘモグロビンを構成するグロビン遺伝子の、ある塩基が他の塩基に置換してしまった結果、赤血球そのものが楕円形から鎌状に変化してしまう。

　細胞の形態の維持には、細胞骨格や細胞外基質が重要である。したがって、これらを構成するタンパク質に変異が起これば細胞の形態が変化することは容易に想像される。そればかりでなく、細胞の繊毛の動きを制御するあるタンパク質の変異によって、個体の**内臓逆位**（心臓が右側に位置するなど）が
visceral inversion
起こることも知られている。このように、タンパク質に生じたわずかな変異が細胞、個体にも形態的な変化をもたらすことがある。

7.3.2　階層ごとの法則性

　このように、生物界では、分子−高分子−小器官−細胞−組織−器官−個体という階層性が見られる（図2.3）。さらに、個体を超えて、種−社会という階層も存在する。このように、生物の世界にある**階層**を一つ上がるたびに、そこには下の階層の性質によっては説明できない、新しい規則や法則が現れる。このことを「創発」という。いいかえれば、下の階層についての知識だけでは、上の階層の性質を予言することはできない、ということである。このことは、生物の研究には、それぞれの階層での研究が必要であることを示している。「創発」という現象は、生物を考えるときに重要な要素である。

【発展】　組織間の相互作用

　大学という「器官」には学生、教員、職員という組織が所属する、と説明した。これらの組織は、もちろん単独に存在するのではない。互いに密接な関係をもってそれぞれの役割を果たしていて、それによって大学という器官はその機能を遂行することができる。同じように、生体の諸組織は、互いに様々な相互作用を及ぼしている。そのことが器官や生体の正常な働きには必須なのである。

　上述のように、結合組織は上皮組織の細胞が正常に機能することを支えている。結合組織の細胞や細胞外基質の状態は、それに接している上皮組織細胞の機能の遂行に大きな影響を与える。一方、上皮組織の状態も、それに接した結合組織に影響を及ぼす。このような関係を「相互作用」という。

　組織間相互作用がもっとも顕著に現れるのは、発生過程である。発生過程、とくに器官が形成されるときには、それを構成する上皮組織と結合組織の間には複雑なシグナルのやりとりがあり、それが正常に機能する器官の構築に必須であることが、多くの研究から明らかになっている。

　古くから知られている例は、鳥類の羽毛とうろこの形成である。ニワトリの背中には羽毛が生えているが、脚にはうろこがある。羽毛とうろこは発生学的にはとてもよく似た様式で形成される。発生の早い段階で、将来羽毛を形成する部位の上皮（表皮）とうろこを形成する部位の結合組織（真皮）を結合して培養すると、上皮にはうろこが生じ、逆も起こる（図7.5）。したがって、少なくとも発生の初期には、表皮は羽毛にもうろこにもなりうるので、その分化の方向を決定するのは真皮なのである。

　発生過程では、上皮から結合組織に働きかける場合など、多くの相互作用の例があり、組織間相互作用は発生を進める重要な現象である。現在では、相互作用に関わる分子も数多く発見されていて、解析が進んでいる。

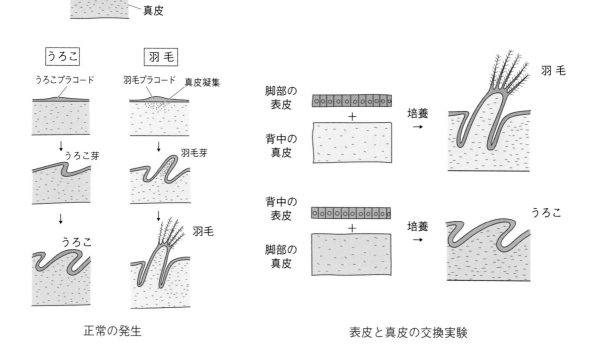

図7.5　ニワトリ胚におけるうろこと羽毛の形成に関する実験

8章 エネルギーはどのように獲得されるか

　私たちが「生きる」ためには、呼吸をして酸素を取り入れることと、食物を食べて栄養分と水分を吸収することが必須である。なぜだろう。当たり前のことのように思われるかもしれないが、その理由を正確に理解することは、それほど簡単ではない。本章では、酸素や栄養分の体内での行方を考え、それがなにに使われるか、考えてみよう。また、その目的のためにヒトの体がどのような構造になっているかについても学んでいこう。

8.1 酸素の取り込みと利用

8.1.1 酸素の働き

　酸素は地球の大気には体積比で約 21% 含まれている。2個の酸素原子が二重結合して酸素分子 O_2 となっている。地球上のほとんどの生物は生存に酸素を必要とするが、必要としない、あるいはむしろ酸素が有害に働く生物もいる。地球誕生時（約 46 億年前）から実に 20 億年近くの間、大気の酸素濃度はきわめて低く、この間に生存した生物のほとんどは酸素を必要としない生物であった。この時期には低酸素状態のために大気のオゾン層はほとんど形成されず、有害な放射線が直接地表に降り注いだ。そのため生物は海から陸に上がることができなかった。やがて、原核生物（バクテリアのような生物）の中に、太陽光をエネルギー源として光合成をする生物が現れ、酸素が放出され、大気中の酸素濃度が上昇した。多くの生物は、酸素による生体物質の酸化が原因で死滅したと思われるが、一部の生物はむしろ酸素を利用して、大量の**エネルギー**を獲得するしくみを身につけ、それによって生物の進化は加速した。

　ヒトが酸素を用いてエネルギーを獲得するしくみは、5章で解説した。ミトコンドリアで、栄養分（とくに糖質）に由来するピルビン酸を出発点としてクエン酸回路が回り、その過程で生じる NADH や $FADH_2$ が電子伝達系に入り、それらが次々と電子を渡すことで最終的に ATP の合成という形でエ

POINT
脳梗塞

本文にあるように、脳の神経細胞は酸素要求度が高く、ヒトの脳では数分の酸欠で脳細胞が死ぬ。脳梗塞は、脳の血管に血栓ができて、その先に血液が到達せず、周囲の細胞が酸素不足で死に、それによって体のいろいろな部位に障害が発生する病気である。

ネルギーを得る。電子は酸素と結合して水を生じる。酸素が欠乏すると、この反応が進まないので、エネルギーが生じない。私たちは、しばらく食物をとらなくても生きてゆけるが、それは体内に栄養の蓄えがあるからであり、体内に蓄えのない酸素が欠乏すると細胞はほとんど瞬時に死んでしまう。とくに脳の細胞は大量のエネルギーを必要とするので、**脳梗塞**[*]などによって
cerebral infarction
酸素が欠乏すると大きなダメージを受ける。

8.1.2　体内への酸素の取り込み

　酸素は大気中に含まれるので、酸素を取り込むためには大気すなわち空気を取り入れなければならない。そのための器官系が、**呼吸器系**である。呼吸
respiratory system
器系は、鼻腔、咽頭、気管、気管支、肺胞からなる（図 8.1）。

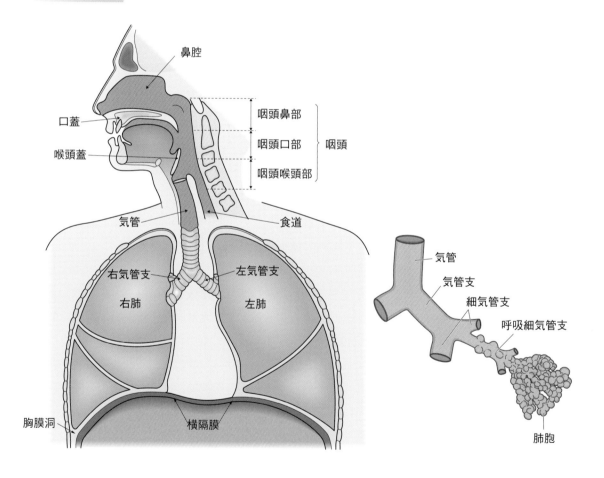

図 8.1　呼吸器官と肺胞
　左は呼吸器官の全体図。右は気管から肺胞までの模式図。

　呼吸器系は、発生の過程で消化器官のもとになる消化管から分かれて生じる。もともと鼻腔と口腔は一つの空間であったものが、口腔の上側（頭側）に仕切り（口蓋）ができて、鼻腔と口腔が分離する。空気は鼻腔からも口腔からも取り入れることができる。それはどちらの経路も喉の奥で一緒になるからである。しかし、その先はまた、空気は食物の通り道である消化管と分かれて、気管に入る。気管と消化管（食道）との分岐部は喉頭とよばれ、そこに喉頭蓋というふたがあって、食物を飲み込むときには気管にふたをする。喉頭には、発声装置である声門などがあり、複雑な構造をしている。

　気管は喉頭で消化管と分岐している1本の管で、首を曲げたときにつぶれてしまわないように、結合組織の外側に軟骨のリングができている。喉をさわると硬いものが触れるのは、この軟骨である。気管の上皮組織は繊毛という短い突起が多数生えている細胞からなる。繊毛は、空気とともに吸い込んだ塵や病原菌などを口の方に運ぶ役割をもっている。

　ヒトでは気管は約10センチメートルの長さをもち、その下端は二分岐して左右の**気管支**となる。気管支はなんども分岐して細気管支、呼吸気管支とよばれる、しだいに細くなる管のシステムをつくる。気管に近い気管支は軟骨のリングをもち、またほとんどの気管支の上皮細胞は繊毛をもっている。

　気管支の一番先端は、**肺胞***という特殊な構造になって終わっている。肺胞では、空気中の酸素がすぐ近くを走っている血管に渡される。酸素の浸透が効率よく行われるように、肺胞の上皮細胞はきわめて薄くなっている。この細胞があまりに薄くて、通常の光学顕微鏡では観察が難しいので、かつては肺胞には上皮細胞が存在しないと考えられたほどである。しかし現在では上皮細胞は確かに存在し、そのすぐ下には基底膜という構造も途切れることなく存在する、ということが確認されている。

　基底膜のすぐ下（外側）には薄い上皮細胞（内皮細胞）からなる毛細血管が走っていて、肺胞に送り込まれた酸素は、肺胞上皮細胞、基底膜、内皮細胞を通り抜けて血管内に入り、赤血球に含まれるヘモグロビンの鉄原子と結合して、体中に運ばれる。

8.1.3　細胞への酸素の供給と二酸化炭素の排出

　赤血球中の**ヘモグロビン**に酸素が結合したものは**オキシヘモグロビン**とよばれる。酸素とヘモグロビンの結合は、組織中の酸素濃度と二酸化炭素濃度に依存して、酸素濃度が低くて二酸化炭素濃度が高いところでは結合しにくく、逆に酸素濃度が高くて二酸化炭素濃度が低いところでは結合しやすい。

POINT
肺胞

肺胞はきわめて薄い細胞が作るシャボン玉のようなもので、その内面には水分がある。肺胞が水の表面張力でしぼむのを防ぐために、肺胞の細胞は、表面張力を下げる物質を産生して分泌する。

8章

エネルギーはどのように獲得されるか

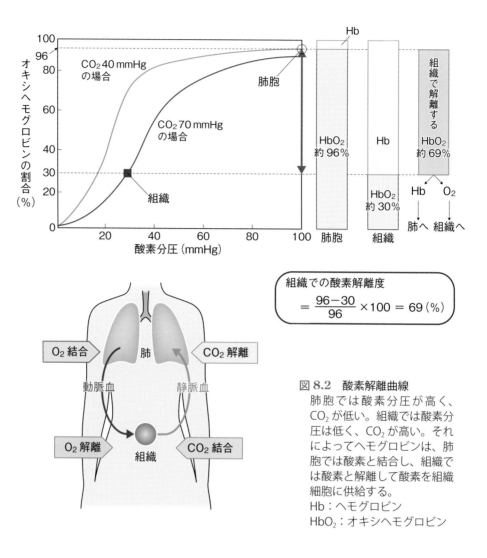

図8.2　酸素解離曲線
肺胞では酸素分圧が高く、CO_2が低い。組織では酸素分圧は低く、CO_2が高い。それによってヘモグロビンは、肺胞では酸素と結合し、組織では酸素と解離して酸素を組織細胞に供給する。
Hb：ヘモグロビン
HbO_2：オキシヘモグロビン

したがって、肺胞のすぐ近くの血管では酸素がヘモグロビンに結合し、体の組織中ではオキシヘモグロビンが酸素を放出してヘモグロビンに戻り、酸素が細胞に渡される（図8.2）。

　ピルビン酸からアセチルCoAが生じるときや、クエン酸回路で、二酸化炭素が生じる。細胞内で二酸化炭素濃度が高まるとこれらの反応が進行しなくなるので、細胞は二酸化炭素を血液中に放出して、濃度を下げる。二酸化炭素は血液に溶解して肺に運ばれ、酸素と逆の経路で肺胞中に放出され、呼気とともに体外に出る。

8.2　食物の利用とエネルギーの生産

8.2.1　消化器系

　食物が消化器官でどのように消化されるか、その結果どのような物質ができるかについては中学校以来学習してきた。ここではその知識を振り返りながら、消化ということについてもう少し深く考えてみよう。

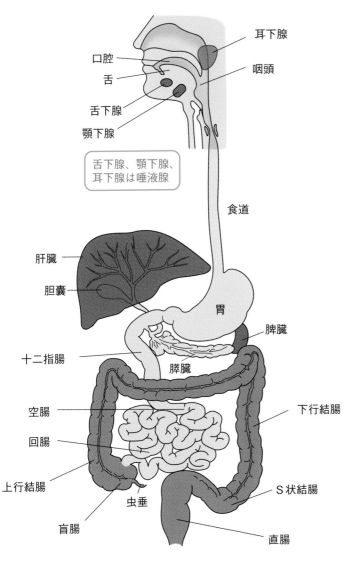

舌下腺、顎下腺、
耳下腺は唾液腺

耳下腺
口腔
舌
咽頭
舌下腺
顎下腺
食道
肝臓
胆嚢
胃
脾臓
十二指腸
膵臓
空腸
下行結腸
回腸
上行結腸
虫垂
S状結腸
盲腸
直腸

図 8.3　消化器系
消化器系は一続きの管から構成されている。肝臓や膵臓もこの管から突出して生じる。

　消化を行う器官を総称して、**消化器系**という。消化器系（図8.3）
digestive system
は、もともと1本の消化管の各部が分かれてできたものである。肝臓や膵臓も、もとは消化管の一部が大きく突出したものである。肝臓や膵臓以外の消化器官は基本的に、内面を覆う上皮細胞とそのすぐ外側にある結合組織、そして食物を口側から肛門側に送る働きをする平滑筋、さらに平滑筋の運動を制御する自律神経系をもっている。消化器官のうち、胃、小腸、膵臓は消化酵素を分泌する上皮性の分泌腺をもつ。またその他の器官も粘液や胆汁などの物質を分泌するので、消化器官上皮はほとんどが腺構造を形成している。食物がスムーズに消化管内を送られるように粘液が分泌されるので、消化器官上皮は粘膜上皮とよばれる。

　食物は口腔で歯を用いて咀嚼され、唾液腺から分泌される糖質分解酵素である**アミラーゼ**と混合さ
amylase
れて、食道を経て胃に送られる。

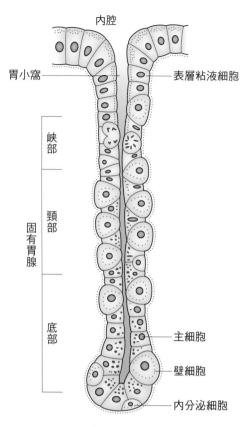

内腔

胃小窩

表層粘液細胞

峡部

頸部

固有胃腺

底部

主細胞

壁細胞

内分泌細胞

図 8.4　胃腺の構造
ここでは胃腺の上皮細胞のみが示されている。

胃（図 8.4）は**ペプシン**という消化酵素を分泌するとともに、塩酸を分泌して内部を pH 1 〜 2 に保って、バクテリアなどを死滅させる生体防御の作用ももっている。ペプシンは胃腺の主細胞とよばれる細胞で、ペプシノーゲンという前駆体のタンパク質として合成され、分泌後に酸性環境によって、あるいはペプシンの作用によってペプシンへと活性化される。塩酸は、壁細胞で血液から供給される Cl^- と H^+ から、ATP を消費して合成される。ペプシンはタンパク質を数個のアミノ酸からなるペプトンとよばれるポリペプチドまで分解する。なお、胃では栄養分の吸収は行われない。

　小腸は消化吸収の重要な器官である。ヒトの小腸は、十二指腸、空腸、回腸に分かれ、腹腔内で曲がりくねって、全体としては 6 メートルほどの長さがある。直径は 3 センチメートルほどであるが、上皮が襞をつくり、襞には**絨毛**という指のような突起があり（図 1.1）、さらに各上皮細胞には数千個の微絨毛という細胞突起が生えていて、小腸全体としてはきわめて大きな表面積をもっている。この微絨毛には、二糖を分解するマルターゼ、スクラーゼ、ラクターゼなどの酵素タンパク質が存在して、二糖をグルコースなどの単糖に分解する。また、小腸上部には膵臓からの分泌管が開口し、膵臓の多くの消化酵素が分泌されている。小腸の上皮細胞の多くは**吸収上皮細胞**で、膵臓と小腸の消化酵素で分解された栄養分を吸収し、肝臓に通じる**肝門脈**に送り込む。なお、脂肪はリパーゼによってグリセロールと脂肪酸（あるいはグリセロールに脂肪酸が 1 個付いたモノアシルグリセロール）に分解され、小腸上皮細胞中でふたたび脂肪になって、リンパ管に入る。

　大腸は、虫垂、盲腸、結腸、直腸からなり、主として水分の吸収に働き、また糞便を形成して排出する。

8.2.2　肝臓と膵臓

　肝臓や膵臓も消化器系の一部であるが、項を改めよう。肝臓も膵臓も消化管から突出した腺構造と考えることができる。消化器系の一員としての肝臓の基本的な機能は、胆汁を分泌することで、胆汁はその内容物である胆汁酸

によって脂肪の消化を容易にしている。胆汁は、胆汁色素を含み、便の色はほとんどこれによる。

　肝臓は脳とともに体内で最大の器官であり（ヒトで約1～1.5キログラム）、胆汁分泌以外にも数百に及ぶ機能をもっている。主要なものは、小腸から送られてくる栄養分の蓄積と代謝、解毒、血液タンパク質（アルブミンなど）の産生、血球の破壊、体温の発生などで、体内の化学工場とよばれるほど、活発な化学反応が起きている（【発展】参照）。

　膵臓は糖質分解酵素のアミラーゼ、タンパク質分解酵素のトリプシンやキモトリプシン、脂肪分解酵素のリパーゼなどの他に、DNA や RNA の分解酵素も分泌する。また膵臓には、内分泌腺（ランゲルハンス島）もあり、血糖量を調節するインスリンやグルカゴンを産生する（10章）。

8.2.3　エネルギー源としての食物

　摂取された食物は消化器系でそれぞれの構成要素まで分解され、アミノ酸と単糖は肝臓に運ばれる。脂肪は血液中を循環し、脂肪組織に貯蔵される。これら3大栄養素のうち、主なエネルギー源となるのは糖質と脂肪である。糖質のうち主要なエネルギー源である**グルコース**は肝臓に運ばれてグリコーゲンとして蓄えられ、必要に応じてグリコーゲンが分解されてグルコースを生じる。グリコーゲンが合成されるには、グリコーゲンシンターゼという酵素を必要とし、一方、その分解にはグリコーゲンホスホリラーゼという酵素が利用される。後者の反応では、グルコース-1-リン酸が生成される。これはすぐにグルコース-6-リン酸へと変化することができ（図5.3）、グルコースからグルコース-6-リン酸を生成するときに必要な ATP を1個省略することができる。肝臓で生じたグルコースが血液によって運ばれ、各細胞でエネルギー源としてどのように利用されるかについてはすでに述べた。

　脂肪も重要なエネルギー源である（5章も参照）。脂肪はグリセロールに3分子の脂肪酸が結合していて（トリアシルグリセロール）、8.2.1にも述べたようにリパーゼによって脂肪酸とモノアシルグリセロールに分解され、小腸上皮細胞中でふたたび脂肪分子になる。脂肪はリンパ管を通って脂肪組織に蓄えられる。脂肪は各細胞で分解されて脂肪酸を生じ、脂肪酸は**β酸化**（図8.5）という経路でエネルギー産生システムに参加する。β酸化というのは、脂肪酸を構成する炭化水素鎖が短くなることで、1回の酸化で炭素数が2個減少する。炭素数が16である飽和脂肪酸のパルミチン酸を例に取ると、7回のβ酸化で完全に酸化されることになる。その結果、全体で8個のアセチ

ル CoA が生じ、これらがクエン酸回路に入って NADH や FADH$_2$ を生じる。1 分子のパルミチン酸からは理論上 131 分子の ATP が得られるので、グルコース 1 分子の 3 倍以上ということになる。これをもとの食物にあてはめると、糖質 1 グラムからは約 4 キロカロリー、脂肪 1 グラムからは約 9 キロカロリーのエネルギーが得られることになる。

　タンパク質は消化によってアミノ酸に分解される。アミノ酸は主として体の構成成分をつくることに用いられるが、ピルビン酸やアセチル CoA に変換されてエネルギー産生にも用いられる。

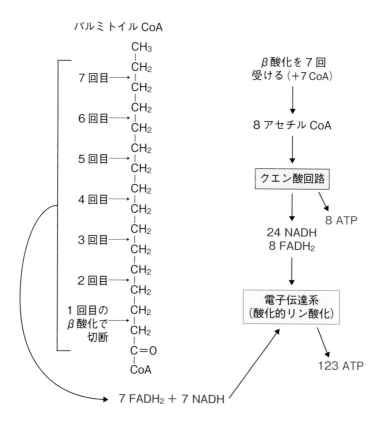

図 8.5　脂肪酸の β 酸化の過程
　ここでは炭素数 16 のパルミチン酸を例にしている。

【発展】 肝臓の構造と働き

　上述のように、肝臓は消化管から分岐してできる器官であり、その本来の機能は胆汁を分泌して脂質などの消化を容易にすることであったと思われる。しかし肝臓はその他にも驚くほど多様な機能をもっている。細かく数えるとその機能は 500 以上であるといわれる。

　肝臓は消化管の上皮がなんども枝分かれした構造が基本で、その周囲を結合組織がとりまいている。枝分かれした最後の部分は、肝細胞索とよばれ、1 層の上皮細胞からなるきわめて細い管である。この上皮細胞で合成される胆汁は、輸胆管とよばれる管を通って肝臓の外に運ばれ、ヒトでは胆嚢に貯められる。私たちが油の多い食物をとると、胆嚢から胆汁が放出されて、脂肪の分解を助ける。

　小腸で吸収した栄養分、とくに糖質やアミノ酸は、肝門脈という血管系を通って肝臓に運ばれ、そこに蓄えられる。前述のように、糖質はグリコーゲンという多糖の形で蓄えられ、必要に応じてグルコースに分解され、それが解糖系に入ってエネルギー源となる。

　肝臓ではアルコールも分解される （☞ 6.4.3）。アルコールの分解に関わる酵素が主として肝臓にあるためである。

　解毒作用にはシトクロム P450 とよばれる物質による毒物の酸化過程が重要である。アルコールの分解も一種の解毒作用である。

　肝臓は血液中の種々のタンパク質を合成して分泌する。血清タンパク質としてもっとも多いアルブミンや、免疫系で重要な補体などがその例である。

　肝臓はまた、筋肉とともに、熱を発生して体温を維持するのにも重要である。熱の発生は肝臓における活発な代謝によるもので、体全体の発熱の20％以上を肝臓が受けもっている。

　このように肝臓は多くの機能を果たす器官で、したがって肝硬変*や肝がんなどで機能が大幅に損なわれると、生命の維持にも重大な影響を与える。

POINT
肝硬変

肝炎などの病気の結果、肝細胞が死滅し、その間隙を繊維性の組織が充填して肝臓が硬くなる病気である。進行すると快復が難しく、またしばしば肝がんも併発する。

liver cirrhosis

8章

エネルギーはどのように獲得されるか

9 章 ヒトはどのように運動するか

　生物の特徴の一つは、外界の刺激に反応することだ、と述べた。これはとくに動物で顕著である。もちろん植物も、気温や日照の変化に応じて花を咲かせたり紅葉したりすることを、私たちはよく知っている。しかし、このような変化はどちらかといえばゆっくりしている。一方、多くの動物は様々な刺激に反応して、きわめてすばやい行動を起こすことができる。動物は本質的に従属栄養生物（自分では栄養分をつくらず、他の生物を食物とする生物）であるので、食物を手に入れるために、他の生物を捕食しなければならない。一方、肉食動物のえさになる動物は、すばやく逃げる能力を身につけないと、絶滅してしまう恐れがある。進化の過程では、このような競争によって、動物の運動能力は著しく発達した。

　動物の運動は、食うか食われるか、という関係だけによって発達したのではない。外界の変化の中には、体に有害なものもある。強すぎる日差しは体温を上昇させて、生命を危機にさらすだろう。そのようなとき、動物は日差しを避けるように移動する。もっと差し迫った場合として、私たちは、ボールが飛んでくれば、思わずよけるか、あるいは手を差し出して捕ろうとする。そのとき、私たちは、ボールの速さ、方向などを瞬時に判断している。このような運動は、外界の状況をすばやく正確に判断する能力と、それに基づいて取るべき行動を決定する能力、さらに、その決定にしたがって体の筋肉を適切に動かす能力、などに依存している。本章では、動物、とくにヒトの運動を制御する器官系について考えよう。

9.1　感　覚　系

9.1.1　感覚器官の働き

　よく「五感」といわれる。これはヒトの感覚を、視覚、聴覚、嗅覚、味覚、触覚に分けたものである。触覚は皮膚の感覚で、皮膚感覚には他に、温覚、冷覚、圧覚、痛覚などがある。

　これらの感覚が、**受容器**とよばれる、それぞれの感覚に対応した器官または細胞によって受け取られるということもすでに学習している。受容器は、

刺激を受けるとそれを電気信号に変換し、それがニューロンによって脳に伝えられ、脳の特定の部位で統合、判断される。ここではとくに運動と深く関係する視覚と聴覚について、刺激の受容から電気信号への変化までを考えてみよう。

9.1.2 視 覚

視覚の受容器はいうまでもなく**眼**である。眼は複雑な構造をもっているが、ものを見る、ということに関する主要な構造は、光を屈折させるレンズと、光を受容する網膜である（図9.1）。網膜*は、眼球の奥にあって、屈折した光は網膜上に焦点が合うようになっている。網膜には桿体細胞と錐体細胞という2種類の視細胞がある。桿体細胞は、桿体という突起がある細胞で、光の色を識別することはできないが、暗い光でも感度よく受容する。一方、錐体細胞は、明るい光と色を認識する細胞で、錐体という突起がある。

どちらの細胞も、その突起の中に薄い円盤状の構造物が何百枚も積み重なっている。この円盤の膜に、**ロドプシン**という色素が含まれている。ロドプシンはレチナールとオプシンという物質が結合したもので、これに光が当たると光のエネルギーで化学変化を起こして活性化され、結果として視細胞に電気的変化が起こる。レチナールは、ビタミンAの誘導体で、ビタミン

POINT
網 膜

網膜には、視細胞のある神経網膜と、その外側を覆う色素網膜がある。色素網膜は神経網膜の機能を維持するのに重要である。

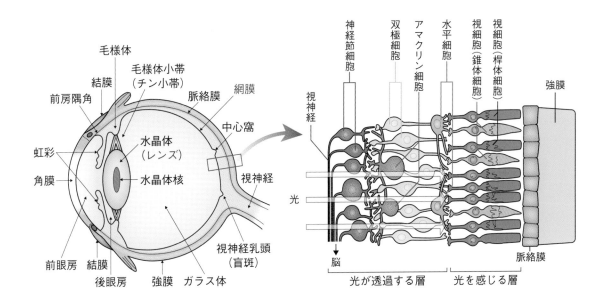

図9.1 眼と網膜の構造
　視細胞からの情報は網膜中である程度処理されてから、視神経を通って脳に伝わる。

Aが欠乏するとレチナールが不足し、視力が衰える。錐体細胞には光の波長に対する感度の異なる3種類の細胞があり、ある光が網膜に達したときに特定の波長に感じる細胞の数が異なることで、光を識別する。

　光の刺激によって電気的に変化した視細胞は、その情報を網膜の外側（レンズ側）にある双極細胞や水平細胞、アマクリン細胞などに伝え、これらの細胞は脳に伝えるべき情報をある程度制御する。最終的に情報は網膜の一番外側に位置する神経節細胞に伝えられる。神経節細胞の軸索（後述）の束は、視神経乳頭から**視神経**として、脳に入る。ヒトでは視神経は脳の視床とよばれる領域に到達し、その情報はさらに別のニューロンに伝えられ、最終的には大脳の視覚野という領域で、情報の統合が起こる。

　このように、視覚は最終的には脳で統合されるのであって、網膜で受容した外界の像を正しく認識するためには脳の働きが重要である。網膜における対象物の像の結び方は、比較的簡単な物理学で説明されるが、それがそのまま脳に投影されるわけではない。

9.1.3　聴　覚

　聴覚は空気の振動、つまり音波を感じてそれを電気信号に変える。ヒトの聴覚器は、**耳**であり、もう少し詳しくいうと、**外耳**、**中耳**、**内耳**からなっている（図9.2）。外耳はいわゆる耳で、耳介という体の表面から突出した集

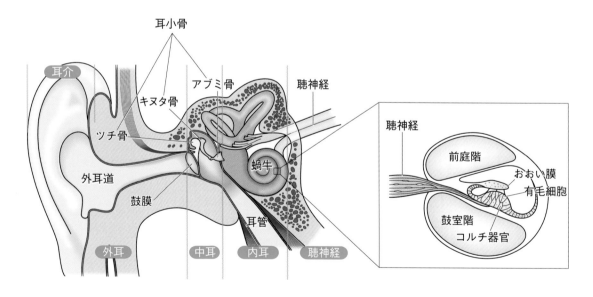

図9.2　耳の構造と蝸牛管の内部構造
　内耳は複雑な構造をしている。蝸牛管中では、リンパ液の振動でおおい膜と有毛細胞がすれあって刺激を生じる。

音器と、外耳道からなる。音波は外耳道の中を伝わって、**鼓膜**に達する。鼓膜は 0.1 ミリメートルほどの薄い膜で、外耳と中耳を分けている。

　中耳にはツチ骨、キヌタ骨、アブミ骨という小さい骨のセット（**耳小骨**）があり、ツチ骨は鼓膜と接している。音波による鼓膜の振動は、耳小骨を経て拡大されて、約 40 〜 60 倍に増幅される。これは、耳小骨のつながり方が、てこの原理によっているためである。中耳と内耳を分ける壁には、卵円窓という構造があり、アブミ骨がここにはまっている。

　内耳は複雑な構造をしているが、聴覚に関与するのは蝸牛とよばれる、カタツムリのような形をした骨性の構造物で、その中には**蝸牛管**（カタツムリ管、うずまき管）がある。蝸牛管を挟むように、前庭階と鼓室階というリンパ液で満たされた空間がある。蝸牛管にもリンパ液があり、卵円窓から伝わる振動で前庭階のリンパ液が振動する。それによって蝸牛管の内部にあるコルチ器官の有毛細胞が揺れ、細胞は表面にある繊毛とそれを覆う膜との摩擦によってその振動を感知し、細胞内に電気的興奮が生じる。細胞からの軸索が集合して、聴神経となり、最終的に大脳の聴覚野で聴覚の統合が行われる。

　内耳には、聴覚に関する器官以外に、体の平衡感覚を司る半規管などもあり、ヒトが運動するにあたっては、これらの器官も重要な役割を果たしている。

9.2　神 経 系

9.2.1　神経系の概略

　神経系は、ヒトの体でもっとも重要な器官系といってよい。上に述べたような感覚器からの情報を脳に伝え、情報を統合・整理して反応を決定し、それを運動器官である筋肉などに伝える。このような役割の他にも、ふだん私たちが気づかない、内臓の働きを調節することにも神経は大切であるし、もちろんヒトがものを考えたり、未来を予測したりする、高等な思考活動も神経系の機能による。

　ヒトの神経系は、**中枢神経系**と**末梢神経系**に分けることができる。中枢神経系は脳と脊髄に存在する神経細胞からなり、一方、末梢神経系はそれ以外の体部に存在する神経である。末梢神経系は感覚器からの情報を伝えたり、運動器へ指令を伝えたりすることが主要な任務であり、中枢神経系はどちらかといえば統合的な機能を分担している。

神経系を構成する**神経細胞**には２種類ある。一つは実際に刺激を伝えるい
nerve cell
わゆる神経細胞で、**ニューロン**とよばれる。もう１種類はニューロンを支持
neuron
する**グリア細胞***である。ヒトではグリア細胞はニューロンの数倍存在する
glia cell
と見積もられている。

ニューロンは、きわめて多様な形態をもっているが、基本的に、核を含む
細胞体と、刺激を伝える長い突起（**軸索**）および短い突起（**樹状突起**）から
cell body   axon   dendrite
なる。軸索はときとして１メートルにも及ぶ長さをもっている（図7.4）。ヒ
トの多くのニューロンは、**髄鞘**（ミエリン鞘）とよばれる絶縁体で保護され
marrow sheath   myelin sheath
ている。

9.2.2　刺激の伝導

ニューロンは、**刺激**を伝える細胞である。多くの場合、樹状突起から刺激
stimulus
を受け入れ、それが軸索を通って伝わり、軸索の先端から、他の細胞の樹状
突起や、筋肉などの運動器の細胞に伝えられる。とくに軸索の中を刺激が伝
わることを**伝導**という。ここでは簡単に、伝導の機構を紹介する。
conduction

ニューロンも細胞であり、細胞膜をもっている。細胞膜には、ナトリウム
イオン（Na^+）を排出するポンプの役目をもつ分子があり、Na^+を常に排出
して、カリウムイオン（K^+）を取り込んでいる。これによって細胞内は細
胞外にくらべて電位が低くなっている。多くのニューロンで細胞内は細胞

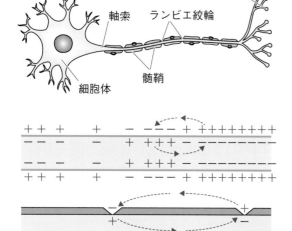

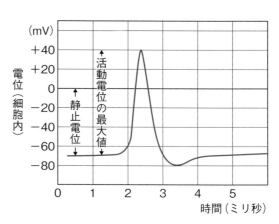

図9.3　ニューロン軸索における刺激伝導のしくみ
　刺激の伝導は、ニューロンの細胞膜をへだてたイオン分布の変化による。
　左下図はランビエ絞輪による跳躍伝導のしくみを示す。

外に対して－70mVである。これを**静止電位**という。細胞膜に他の細胞から
の刺激が伝えられると、Na^+を通過させるナトリウムチャネルというトンネ
ルが一気に開口し、Na^+が流入する。すると細胞内の電位がプラスに転じ、
およそ40mVに達する。これを**活動電位**という。膜の一部に活動電位が生
じるとそれが刺激になって、隣接する部位でまたNa^+チャネルが開口する。
こうして次々と活動電位が軸索の中を伝わっていく。膜の性質として、一度
活動電位が生じると、短い期間隣接する部位の活動電位に反応しない（不応
期）ので、刺激は一方向に伝導される（図9.3）。

　ヒトのニューロンの多くはシュワン細胞（末梢神経系）あるいはオリゴデ
ンドロサイト（中枢神経系）という特別な細胞によって取り囲まれている。
これらの細胞は髄鞘という絶縁体をつくっていて（図7.4）、この部分では活
動電位が生じない。活動電位は髄鞘の切れ目（ランビエ絞輪）でのみ発生する。
これは跳躍伝導とよばれ、神経の伝導速度を著しく速めている。ヒトの脛骨
神経など、髄鞘をもつ神経（有髄神経）では伝導速度は1秒間に最大50メー
トルに達する。髄鞘のないニューロン（無髄神経）では伝導速度は十分の一
以下である。

9.2.3　刺激の伝達とシナプス

　ニューロンは1個では機能することができない。必ず他のいくつかの細胞
に情報を伝達しなければならない。相手の細胞は、他のニューロンか、筋肉
細胞か、腺の細胞などである。しかしニューロンと他の細胞は、決して物理
的に接触することはない。かつては、ニューロンどうしが融合して、情報を伝えるのだと
考えられたこともあったが、現在では、ニューロンと他の細胞との情報伝達は、**シナプス**という特殊な構造を介して行われることが明らかになっている。

　シナプスとは、ニューロンと他の細胞（標的細胞）の間の、情報伝達のための特別な構造のことである。あるニューロンの軸索中を刺激が伝達されて、その末端まで到達すると、カルシウムイオン（Ca^{2+}）が取り込まれ、それが刺激となって末端にある膨らみに含まれている細胞内の小胞（**シナプス小胞**）が細

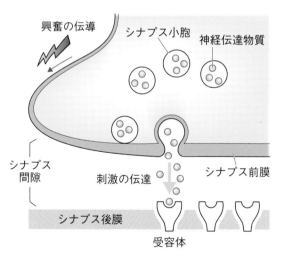

図9.4　シナプスにおける刺激伝達のしくみ
シナプス小胞から分泌される伝達物質が受容体と結合して新たに刺激を生じる。

胞膜（シナプス前膜）まで移動し、その内容物をシナプス間隙に放出する（図9.4）。内容物は、**神経伝達物質**とよばれる種々の化学分子で、ニューロンごとに種類が決まっている（表9.1）。たとえば、筋細胞に情報を伝達するのは主としてアセチルコリンという物質であり、その他、ドーパミン、セロトニンなども重要な神経伝達物質である。

表 9.1　主要な神経伝達物質とその作用

神経伝達物質	作用
アセチルコリン	筋収縮、心筋収縮率の低下、気分と記憶への関与
グルタミン酸	脊椎動物中枢神経系の主要な伝達物質
ドーパミン	他の伝達物質の効果の抑制、記憶、学習、体の動きの制御（不足するとパーキンソン病）
ノルアドレナリン	心拍の促進、虹彩や気管の拡張、腸管収縮の抑制
セロトニン	気分の高揚、記憶への関与、睡眠の制御
GABA	他の神経伝達物質放出の抑制、抑制性シナプスで作用

POINT
うつ病と神経伝達物質

うつ病の原因として、神経伝達物質、とくにセロトニンやノルアドレナリンの不足が指摘されている。治療薬としてセロトニンの再吸収を抑制するものが処方されるのは、そのためである。

神経伝達物質は、シナプス間隙に放出されると、標的細胞の細胞膜（シナプス後膜）にある**受容体**と結合し、それが刺激となって標的細胞に電気的刺激が発生する。それがニューロンであれば、上述のしくみでまた軸索中を刺激が伝導され、筋細胞であれば筋肉の収縮を引き起こす。腺細胞の場合は、分泌物（汗や消化酵素など）が分泌される。

神経伝達物質はすぐに分解されたり、ニューロンに再吸収されたりして、働きを失う。そうしないと、標的細胞がいつまでも興奮状態におかれてしまうからである。神経伝達物質が不足すると、**パーキンソン病**やうつ病[*]などが発症しやすくなり、一方、分解や再吸収が起こらないと統合失調症などの原因になることがある。

9.3　筋肉の収縮

9.3.1　筋肉の構造

本章の主題は、ヒトがどのように運動するかである。運動に直接関わる器官はいうまでもなく**筋肉**である。筋肉には、大きく分けて、骨格筋、平滑筋、心筋がある。私たちが意識して動かすことのできる筋肉は**骨格筋**で、ここではその構造について述べよう。

　私たちが筋肉とよぶもの（ちからこぶをつくる上腕二頭筋など）は、多数の**筋細胞**の集合体である。筋細胞は細長い細胞で、とくに**筋繊維**とよばれる。
muscle cell ／ muscle fiber
筋繊維の中には**筋原繊維**という収縮の単位構造が束をつくっている。筋原繊
myofibril
維は、**アクチンとミオシン**というタンパク質が図9.5のような規則的な配列
actin ／ myosin
をしていて、そのために筋繊維には一定の間隔で縞模様が見られる。したがって骨格筋は横紋筋とよばれる。

9.3.2　筋収縮の分子機構

　筋細胞にニューロンから刺激が伝わると、筋細胞の中にある Ca^{2+} の貯蔵庫（**筋小胞体**）から Ca^{2+} が放出され、細胞質の Ca^{2+} 濃度が高くなる。Ca^{2+}
sarcoplasmic reticulum
はトロポニンというタンパク質と結合し、そのことがきっかけとなって、ア

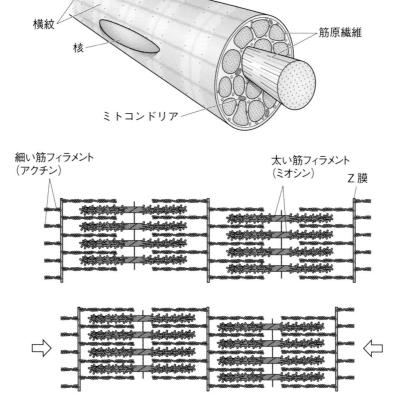

図9.5　筋肉の構造と筋原繊維内の分子の配列
筋繊維（筋細胞）は多くの筋原繊維を含み、筋原繊維中のアクチンと
ミオシンの相互作用で筋収縮が起こる。上は弛緩時、下は収縮時。

クチンがミオシンの繊維の間に滑り込むことによって、アクチンが結合している膜（**Z 膜**）が引き寄せられる（図 9.5）。このような変化が筋原繊維の全体で起こることで、筋原繊維、ひいては筋繊維全体の収縮が起こるのである。Ca^{2+} がそのまま細胞質内にとどまると、筋肉は収縮したままになってしまうが、ATP のエネルギーによって Ca^{2+} が細胞外に排出される。

【発展】　脳による運動制御と高次神経活動

　本章では、ヒトが外界からの情報を受容し、脳が情報を統合して運動神経を介して筋肉などに司令を出し、それ基づいて適切な行動を取ることを解説した。本来、脳というものは、動物が外界の情報に基づいてえさを探し、あるいは捕食者から逃れるという行動を制御するために発達したものである。しかし、ヒトの脳は、そのような行動制御以外にも、多くの活動を行うようになり、それがヒトをヒトたらしめているといってもいい過ぎではない。この【発展】では、ヒトの脳の重要な働きである、高次神経活動を考えよう。もちろん高次神経活動も運動調節機能と独立しているわけではなく、両者は密接に関係している。

　ヒトの脳が他の哺乳類の脳と大きく異なる点は、**大脳皮質**を中心とする精神活動にあるといえる。大脳の表層には新皮質という部分があり、これは哺乳類でもっとも発達している。これに対して、古皮質（大脳辺縁系）は新皮質の内側に隠れて、食欲、性欲などの本能行動や、怒り、不安などの情動行動に関わっている。大脳のさらに内側には大脳基底核があり、大脳皮質と、視床や脳幹を結びつけているとともに、認知機能、学習などの神経活動も担っている。

　大脳新皮質は、いわゆる知情意という神経機能の中心で、体中の感覚器からの情報を取りまとめ、運動器に指令を送っている。**新皮質**は、解剖学的には前頭葉、頭頂葉、後頭葉、側頭葉に分かれるが、さらに機能別に、運動野、感覚野、連合野に分かれる（図 9.6）。たとえば前頭葉の運動野には、筋肉などを動かす信号を送る運動ニューロンが多く存在する。ヒトの脳では、嚥下、発声、指の運動などに関わる部位がとくに発達している。感覚野は主として頭頂葉にあり、感覚情報の収集、識別、統合を行う。連合野はその他の部位で、思考活動などに関わり、感覚野、運動野などの新皮質からの情報だけでなく、大脳辺縁系、基底核などからの情報、さらには海馬や扁桃体という大脳のもっとも奥深い場所にある記憶装置からの情報も加えて、高次の精

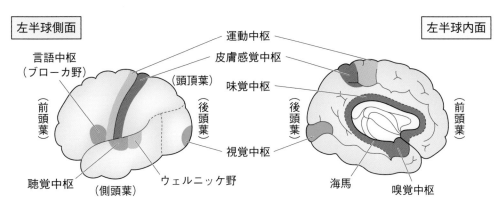

図9.6　大脳皮質の領域
ヒトの大脳皮質はとくによく発達し、いくつかの機能的な領域に
分けることができる。

神活動を行う。

　ヒトの高次神経活動の一つは、**言語機能**である（☞15.1.2）。言語の発達
によってヒトは意思を伝え、記録を残し、歴史をつなぐことができるように
なった。言語機能の中心は新皮質の言語野とよばれる部分で、多くのヒトで
は大脳の左半球の言語野が優勢である。言語中枢のうち**ブローカ野**はことば
を話すことに、**ウェルニッケ野**はことばの意味を理解するのに重要である。

　記憶も高次神経活動では重要である。上述のように記憶には**海馬**という領
域が関わり、短期記憶にも長期記憶にも関係している。海馬はタツノオトシ
ゴという魚類の別名であり、脳の海馬領域がその魚の形に類似しているので、
その名がある。海馬にはきわめて短い時間記憶が貯蔵されるが、それが大脳
皮質に転送されて、初めて長期の記憶になると考えられている。そのために
は、記憶をくり返して強化する必要がある。また、大脳に蓄えられた記憶を
呼び戻し、記憶を強化するためにも、くり返して思い出すことが重要である。
授業などをできるだけその日のうちに復習することを教員が勧めるのはその
ためである。

10章 体の恒常性はどのように維持されるか

　ヒトの体も細胞からできている。細胞が正常に働くことが、体が健康でいることの必須条件である。多くの細胞は、体液とよばれる液体と接している。体液は血管からしみ出す液体成分で、細胞に栄養や酸素を与え、細胞から出る老廃物を受け取る。体液の状態は細胞の正しい働きに重要である。

　体液を含む、細胞を取り囲むいろいろな環境がある一定の状態を保つことが、細胞の働きにとって必要不可欠である。環境の状態とは、温度、pH、イオンやタンパク質などの化学的組成、浸透圧などである。これらの状態が一つでも大きく変化してしまうと、細胞は正常に働けない。たとえば、温度やpHは細胞内の化学的変化（酵素反応など）に影響を与えるし、浸透圧が変化すると細胞の形が変わる可能性がある。イオンの変化は前章で述べた神経系や筋肉の働きに大きな影響を与える。

　体液などの細胞をとりまく環境の状態がある範囲で一定に保たれることを、恒常性の維持（**ホメオスタシス**）という。ヒトの体には、体全体として恒常性を維持するしくみが備わっている。本章では、恒常性の維持に働く器官系について説明しよう。
homeostasis

10.1　自律神経系

10.1.1　自律神経系の働き

　前章で、運動や感覚、高次の神経活動に関わる神経系について述べた。神経にはそれ以外にも、恒常性の維持という重要な働きがある。それに関わるのは自律神経系である。**自律神経系**は、私たちの意志とは関係なく、体の各
autonomic nervous system
部の状態を察知して、それを一定に保とうとする作用をもっている。たとえば、気温が急激に下がったときに、体温を保つために毛を立てる働きがある。自律神経系はまた、外界の状況に応じて、体のいろいろな反応を引き起こす。なにかに驚いたり恐ろしいことに出会ったりすると、思わず心臓がどきどきする。これはそれらの出来事に体が対処するための準備である。このような

POINT
交感神経系と
副交感神経系

交感神経は瞳孔を
拡げ、心拍を速く
するように働き、
一方消化器官の活
動に対しては抑制
的に働く。運動時
などに、消化器官
の働きを抑えて、
血液を筋肉などに
多く回すためで
ある。

反応も自律神経の働きである。自律神経系の作用は、ホルモンの作用にくらべると迅速である。

10.1.2　交感神経系と副交感神経系

　自律神経系には、**交感神経系**と**副交感神経系**[*]の2種類がある。交感神経
sympathetic nervous system　parasympathetic nervous system
は脊髄の上部（頸髄と胸髄）および腰（腰髄）から出発していろいろな器官
に分布している。副交感神経系は、中脳、延髄、あるいは腰髄よりさらに下
の仙髄から出発している。この2種類の神経は、多くの場合、同じ器官に分
布して、一方はその器官の働きを促進し、他方が抑制する、というように拮
抗的に作用する（図 10.1）。たとえば、なにかに驚いて心臓の拍動が速まっ
たり、運動時に心臓の拍動がさかんになったりするのは交感神経の作用であ
る。休息時や睡眠時には副交感神経が作用して、心臓の拍動は抑制される。

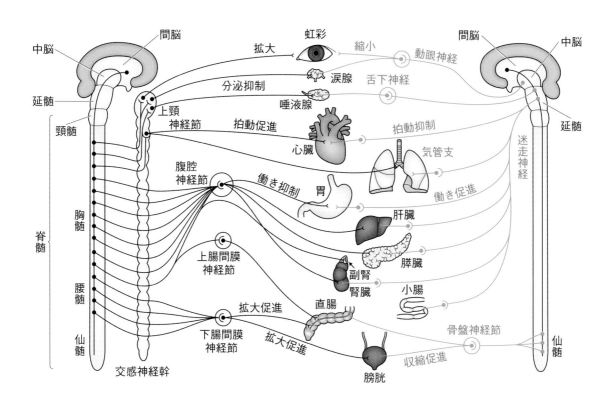

図 10.1　交感神経と副交感神経の作用
　　交感神経（黒）と副交感神経（青）は脳と脊髄の異なる部域から出発し、
　　しばしば同一の器官に分布して、その器官の働きを調節する。

10.2　ホルモン

10.2.1　ホルモンと内分泌系

ホルモンは、「ある特定の器官で産生され、血管を通って特異的な標的器官に達し、特異的な反応を引き起こす物質」と定義されてきた。体の外（体表面や内表面）に分泌されるのではなく、体内に向けて分泌されるので、**内分泌**といわれる。一例をあげると、甲状腺刺激ホルモン（TSH）は、脳下
internal secretion
垂体（下垂体）という器官でつくられ、血流にのって全身に運ばれるが、ほとんど甲状腺のみに作用して、甲状腺ホルモン（チロキシンなど）の産生を促す。

ヒトの主なホルモンを表 10.1 にあげた。この他にも種々のホルモン様の働きをする物質が知られていて、最近ではホルモンの定義も少し変わってきている。また、ホルモンは、化学的には種々の物質である。性ホルモンの多くはステロイドであり、一方、インスリンなどはポリペプチド（タンパク質）である。またカテコールアミンなどのアミン類もある。

10.2.2　ホルモン受容体

ホルモンの作用は器官特異的である。つまり特定のホルモンは特定の器官（標的器官）のみに作用する。それは、ホルモンが特異的な受容体に結合して初めて作用を発揮するからである。甲状腺刺激ホルモンは甲状腺の細胞にある甲状腺刺激ホルモン受容体にしか結合しない。

ホルモンの受容体は、標的細胞の細胞膜を貫通しているタンパク質か、あるいは細胞の核内に存在する。タンパク質ホルモンは細胞膜を通り抜けることができないので、細胞膜にある受容体に結合する。受容体はホルモンが結合すると、多くの場合その立体構造が変わったり、細胞質側の一部にリン酸基が結合したりして、その性質が変化する。そのことがきっかけとなって、細胞内では次々と多くの分子が変化して、標的遺伝子に特異的な転写因子が活性化される。こうして最終的には標的遺伝子の発現も変化する。このように細胞の内部で、ホルモンが結合したという情報が伝えられることを**シグナル伝達**という（図 10.2）。
signal transduction
ステロイドホルモンのような脂溶性のホルモンは細胞膜を通過することができる。それではすべてのステロイドホルモンがすべての細胞に作用するかというと、そうではない。このようなホルモンは、核内で特異的な受容体と

表 10.1 主なホルモンの分泌部位と作用

分泌器官	ホルモン	主な標的組織	主な作用
視床下部	放出ホルモン（GnRH、CRH など）	脳下垂体前葉	特異的なホルモンの分泌を刺激
	放出抑制ホルモン（PIH、GIH など）	脳下垂体前葉	特異的なホルモンの分泌を抑制
脳下垂体前葉	成長ホルモン	多くの組織	タンパク質合成促進、成長促進
	プロラクチン	乳腺	乳腺の発育と乳汁産生・分泌
	甲状腺刺激ホルモン（TSH）	甲状腺	甲状腺ホルモン分泌を促進
	副腎皮質刺激ホルモン	副腎皮質	副腎皮質ホルモン分泌を促進
	性腺刺激ホルモン（LH、FSH）	生殖腺（卵巣、精巣）	生殖腺機能を刺激
脳下垂体後葉	オキシトシン	子宮	収縮
		乳腺	射乳の誘発
	バソプレシン	腎臓	水の再吸収を促進
松果体	メラトニン		日周リズム
甲状腺	甲状腺ホルモン	多くの組織	代謝促進、成長、発育
	カルシトニン	骨、腎臓	血中の Ca^{2+} 濃度低下
副甲状腺	副甲状腺ホルモン（パラトルモン）	骨、腎臓	血中の Ca^{2+} 濃度上昇
心臓	心房性ナトリウム利尿ペプチド	腎臓	Na^+ の排泄を促進
膵臓のランゲルハンス島	インスリン	多くの組織	血糖値低下
	グルカゴン	肝臓、脂肪組織	血糖値上昇
	ソマトスタチン	ランゲルハンス島	インスリンとグルカゴンの分泌を抑制
副腎髄質	カテコールアミン（アドレナリン、ノルアドレナリンなど）	心筋、血管、肝臓、脂肪組織	心拍数・血圧・代謝・血糖値の上昇
副腎皮質	糖質コルチコイド（コルチコステロン、コルチゾルなど）	多くの組織	血糖値上昇、抗炎症、胃酸分泌促進
	鉱質コルチコイド（アルドステロンなど）	腎臓	Na^+ の再吸収促進
消化管	消化管ホルモン（ガストリン、セクレチンなど）	消化管、胆嚢、膵臓	消化管機能の調節
腎臓	レニン	副腎皮質	アルドステロン分泌を促進
	エリスロポエチン	骨髄	赤血球の生成を促進
卵巣	エストロゲン（エストラジオールなど）	多くの組織	女性第二次性徴の発達
		生殖器官	卵胞発育、子宮内膜肥厚、膣上皮増殖
	プロゲステロン	子宮	妊娠の維持
		乳腺	発達の促進
精巣	アンドロゲン（テストステロン）	多くの組織	男性第二次性徴の発達
		生殖器官	精子形成

GnRH：性腺刺激ホルモン放出ホルモン、CRH：副腎皮質刺激ホルモン放出ホルモン、PIH：プロラクチン放出抑制ホルモン、GIH：成長ホルモン放出抑制ホルモン（ソマトスタチン）、LH：黄体形成ホルモン、FSH：卵胞刺激ホルモン

10章

体の恒常性はどのように維持されるか

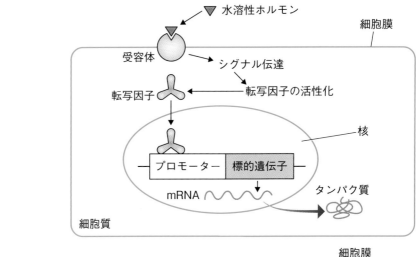

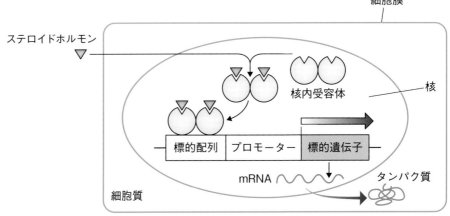

図 10.2　水溶性ホルモン（上）とステロイドホルモン（下）の作用
　水溶性ホルモンは細胞膜を通過できないので膜の受容体に結合する。
　ステロイドホルモンは細胞膜を通過して核内受容体と結合する。

結合して作用を表す。多くの場合、ホルモンと受容体の複合体が、**転写因子**
transcription factor
として遺伝子発現を調節する。また、細胞質に受容体があって、受容体と結
合してから一緒に核内に入るホルモンもある。

　いずれにしても、ホルモンは特異的な受容体をもつ細胞のみに作用する。
これがホルモンの特異性を決定している。

10.2.3　フィードバック

　内分泌系は階層構造になっている。脳の**視床下部**というところから多く
hypothalamus
のホルモンが分泌され、それらは**脳下垂体**の細胞に働きかけて種々のホル
hypophysis cerebri
モンを分泌させる。脳下垂体ホルモンが甲状腺や精巣、卵巣、副腎などに
作用してそれぞれ固有のホルモンを分泌させる。甲状腺を例に取ると、視

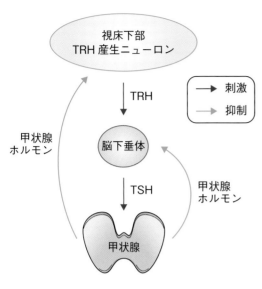

図10.3　ホルモンの負のフィードバックの例
甲状腺の機能を例に、負のフィードバックの
しくみを示す。

床下部から**甲状腺刺激ホルモン放出ホルモン**
thyrotropin-releasing hormone
（TRH）が分泌されて脳下垂体前葉に作用し、
甲状腺刺激ホルモン（TSH）を分泌させる。TSH
thyroid stimulating hormone
が甲状腺に作用して**甲状腺ホルモン**を分泌させる
thyroid hormone
ことは前述した。

　甲状腺ホルモンは体の多くの細胞に作用してそ
の成長を促したり、代謝を促進したりするという
重要な働きをするが、体内の甲状腺ホルモン濃度
が高くなりすぎると、バセドウ氏病などの甲状腺
機能亢進病の原因になる。それを防ぐために、血
液中の甲状腺ホルモン濃度が高くなると、視床下
部がそれを察知してTRHの分泌を少なくし、そ
れによってTSHの分泌も少なくなる（図10.3）。
このようにして血中の甲状腺ホルモンの濃度は常
にホメオスタシスを保つことになる。体内で、最
終産物（この場合は甲状腺ホルモン）が上位のホルモン（この場合はTRH）
の分泌を抑制するしくみは「**負のフィードバック**」とよばれ、内分泌のみな
negative feedback
らず多くの体内での代謝の調節に重要な働きをしている。

10.3　ホメオスタシスの実際

10.3.1　血糖値の調節

　細胞はエネルギー源としてグルコースを利用する。血液中のグルコース量
（**血糖値**）は、空腹時におよそ80〜100 mg/100 mLに保たれていて、血糖
blood sugar
値が著しく低下すると、もっともエネルギー消費の激しい脳の神経細胞が働
かなくなり、眠くなり、最終的には昏睡に至る。一方、血糖値が高いといわ
ゆる糖尿病の症状を呈する。血糖値の調節は生体にとってきわめて重要で
ある。

　血糖値の調節は、主としてホルモンによって行われるが、自律神経系も関
与している。その概略を図にまとめた（図10.4）。

　内分泌系として重要なのは、**インスリンとグルカゴン、アドレナリン、**
insulin　　　　　　　glucagon　　　　　　　adrenaline
糖質コルチコイドである。インスリンはもっとも主要な血糖値調節ホルモン
glucocorticoid
で、膵臓の**ランゲルハンス島***のβ細胞から分泌される。インスリンの働きは、
islets of Langerhans

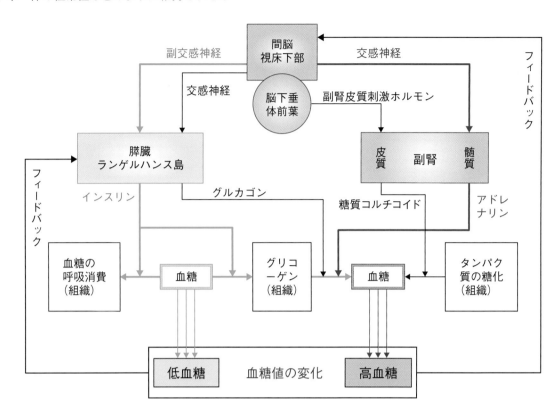

図10.4　ホルモンと自律神経系による血糖値の調節
血糖値は種々のホルモンや神経によって一定に保たれる。ヒトではインスリン、
アドレナリン、糖質コルチコイドが重要である。

細胞内でグルコースをグリコーゲンなどに変換して蓄える作用である。これ
によって血糖値は低下する。インスリンは筋肉組織ではグルコースを細胞に
取り込ませ、それを消費してATPをつくらせ、またグリコーゲン合成を促
進する。肝臓ではグリコーゲンの合成とタンパク質合成を促進する。β細胞
にはグルコースの輸送体（トランスポーター）があり、グルコースが結合す
ると細胞内にシグナルが伝わって、インスリンの分泌が促される。糖尿病の
原因としては、インスリンがつくられない場合（1型）と、インスリンはつ
くられるが細胞がそれに反応しにくくなる場合（2型*）とがあり、後者の
方が原因としては重要である。

　グルカゴンは、インスリンと拮抗的に作用して、血糖値を上昇させる血糖
値調節因子であるが、ヒトでは比較的重要性が低い。むしろ血糖値を上げる
働きとしては副腎髄質から分泌されるアドレナリンや、副腎皮質から分泌さ
れる糖質コルチコイドの方が重要である。アドレナリンは肝臓などに蓄えら
れているグリコーゲンを分解してグルコースを血液中に放出させる強力な血

POINT
生活習慣病

　2型糖尿病は食生
活や運動など、生
活の習慣に依存す
る原因で発症する
ことが多いので、
生活習慣病とよば
れる。生活習慣病
には、糖尿病の他、
高血圧、脂質異常
症など、多くのも
のが含まれる。

糖値上昇ホルモンである。膵臓や副腎におけるこれらのホルモンの産生は、交感神経や副交感神経といった自律神経によっても調節されている。

10.3.2　体温の調節

ヒトは恒温動物である。体温はおよそ 36℃ から 37℃ の間に保たれ、**体温**
が著しく高くなったり低くなったりすると生命にとっての脅威となる。体温
も、自律神経系と内分泌系が密接に関連して調節している（図 10.5）。

外界の気温が変化すると、皮膚にある感覚受容器が察知して、それを視床
下部にある体温調節中枢に伝える。また、血液の温度も同じ中枢によって感
知される。気温が下がって、体温を上げなければいけないときには、まず交

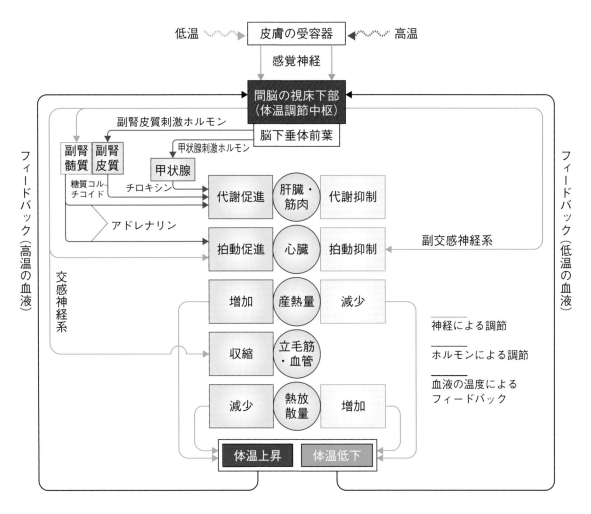

図 10.5　自律神経系とホルモンによる体温の調節
　体温を維持する神経系およびホルモンの作用。この場合も常にフィードバック機能が働いている。

感神経の働きで皮膚の毛細血管が収縮して放熱を抑え、立毛筋が収縮して毛を逆立てる。また心臓の拍動も促進されて、より多くの血液が体内を流れるようになる。気温が高いときには、副交感神経の働きでこれらの逆の反応が起こる。

　ホルモンも体温の調節には重要である。**体温調節**中枢は視床下部の内分泌系にも指令を出し、TSH を放出させ、その結果**甲状腺ホルモン**が細胞の代謝を活性化して熱を放出させる。また、アドレナリンや糖質コルチコイドも動員されて、心拍を増加させ、筋肉を収縮させて体温を上げる方向に働く。ホルモンの作用は神経にくらべてゆっくりであると述べたが、それでもラットなどの実験動物を急に寒いところに移すと、数十秒で TSH の分泌が高まるので、体温の調節に重要であることが理解される。

　真夏に屋外で運動などをすると、**熱中症***になる恐れがある。脱水とそれに伴う塩分の喪失、血管拡張による血圧の低下などが熱中症の主な原因である。このようなときも、内分泌系は様々なネットワークを通して、ホメオスタシスを保とうとする。視床下部で産生されて脳下垂体後葉から分泌される**バソプレシン（抗利尿ホルモン）**は、腎臓における尿の生産を抑えて血圧を上げるように作用し、副腎皮質からの鉱質コルチコイドは血液中のナトリウムイオンを維持するように働く。これらのホルモンの作用は、血圧や体液の浸透圧を感知する受容器からの神経の働きによる。もちろんこれらのホルモンは、通常の生活でも、体温、塩分濃度、浸透圧の調節に関わっている。

10.3.3　血中カルシウムイオン（Ca^{2+}）濃度の調節

　9章でも説明したように、Ca^{2+}は生体の働きにとってきわめて重要である。筋肉の収縮だけでなく、血液の凝固、細胞膜の機能の維持、いろいろな腺の分泌、酵素反応の補助など、多様な生命活動に不可欠である。したがって、体、とくに血液中の Ca^{2+} の濃度を一定に保つことは、健康維持にも必須のことである。

　カルシウムはいうまでもなく、ほとんどが骨に存在する。ヒトの体にはおよそ 1200 グラムのカルシウム塩が存在するが、その 99％は骨にある。体液中のカルシウムは 1 グラム程度である。Ca^{2+} として存在するのは、そのまた数分の一である。血液中の Ca^{2+} の濃度は、骨からの離出と骨への吸収のバランスによって一定に保たれる。

　私たちがカルシウムに富んだ食事をすると、**ビタミン D** の働きによって消化管（小腸）から吸収され、血管内へと送られる。血中のカルシウムが骨

POINT
北欧人と日光浴

ヨーロッパとくに北方の北欧などでは、夏季に海岸だけでなく公園などでも日光浴をする人の姿を見る。過度の紫外線を浴びることは皮膚がんなどの危険性を増すが、北欧のように日照時間の短い国では、カルシウムの代謝を良くするために日光浴が推奨される。

に吸収されるのは、**カルシトニン**という、甲状腺の内部にある特別な細胞から分泌されるホルモンの働きによる。一方、骨に蓄えられたカルシウムが遊離して血液中に流出するのは、甲状腺の近くにある副甲状腺から分泌される**副甲状腺ホルモン（パラトルモン）**の作用を必要とする。副甲状腺ホルモンは、腎臓で Ca^{2+} が尿中に排出された後、それを再吸収することにも役立っている。血液中の Ca^{2+} 濃度は、主としてこの二つのホルモンの拮抗作用によってなされるが、それぞれのホルモンについては、負のフィードバック機構もある。

ビタミン D（正確には活性型であるビタミン D_3）は、コレステロールから体内で合成される。ヒトでは、ビタミン D のかなりの量が、太陽光にあたった皮膚内で生成される。太陽に当たることの少ない北欧*などで、骨形成不全の病気が多いのはそのためだといわれる。

10.3.4 体の浸透圧の調節

体内の水分量や溶質濃度、つまり**浸透圧**も狭い範囲に保たれなければならない。また、細胞の代謝の結果生じる種々の老廃物はできるだけ速やかに除去しなければならない。このような恒常性の維持に関わるのが腎臓である。

腎臓は背中側に左右一対存在する。腎動脈から血液を供給され、それが枝分かれした毛細血管（**糸球体**）から、**ボーマン嚢**とよばれる組織に種々の溶質や老廃物（主として**尿素**）を濾し取り、**尿**として排出する器官である（図10.6）。濾し取るときには、当然水も通過するし、濾し取られる物質中には必要なものも含まれる。水と有用物質（グルコース、イオンなど）は、尿がボーマン嚢に続く**尿細管**という管を通る間に再吸収されて、血液に戻される。尿は、尿細管から集合管を経て腎臓の腎盂に至り、尿管を通って膀胱に溜められる。

腎臓はこのような浸透圧の調節に適合した、複雑な構造をもっている。毛細血管からボーマン嚢に液体を濾し取る際には、足細胞とよばれる多くの突起をもつ細胞がタンパク質などの高分子を通過させないようにしている（図10.6 右）。尿細管はいくつかの部位に分かれ、それぞれの部位が特異的な分子の再吸収に働いている。また糸球体には血液量や圧力を感知する細胞があり、レニンというホルモン様物質を分泌して血液量を調節している。

腎臓に障害が起こると、浸透圧の維持が困難になり、また老廃物が蓄積して、生命を脅かす。したがって、腎臓病が進行すると定期的に血液から老廃物などを除去する**腎透析***を行わなければならない。腎臓移植は、腎臓の機

POINT
腎透析

透析には、血管から血液を体外に取り出して、ダイアライザーという装置で老廃物などを除去して体内に戻す血液透析と、自分の腹膜を通して透析液に血液中の老廃物を移動させる腹膜透析とがある。血液透析では、一般的に週3回、各回4時間ほど透析を行う必要がある。

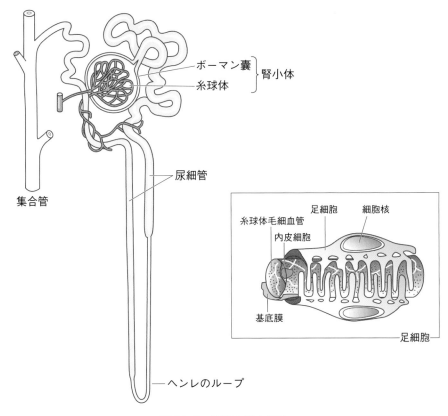

図 10.6　腎臓の基本構造

能低下に対する根本的な治療の一つであるが、ドナーが見つかるまで、時間がかかることがある。

【発展】　ホルモン様物質

　　生体内には、ホルモンと類似の作用を示す物質が数多く見つかってきた。ホルモンほど標的器官の特異性が高くないものや、ホルモンより広範囲な作用を示すものがある。その分類は研究者によって様々であるが、ここでは代表的なものを取り上げてみよう。

　　エイコサノイド　プロスタグランジンなどを含む重要な生理活性物質で、化学的には不飽和脂肪酸から合成される。プロスタグランジンには 10 種類以上が知られていて、血圧の制御、血管の拡張や収縮の制御、気管支の拡張や収縮の制御、腸管の収縮など、いろいろな働きをする。ロイコトリエンは、炎症やアレルギーの発症と関係していて、喘息の治療薬として抗ロイコトリエン剤が用いられることがある。

　　<u>サイトカイン</u>　サイトカインは、細胞の増殖と関わる物質として命名され
ている一群の物質である。ホルモンと同様に、産生細胞と標的細胞が明確で、
主として免疫反応に関わる。インターロイキン、インターフェロン、腫瘍壊
死因子、コロニー刺激因子など、多様な物質が含まれる（☞ 11.2.2）。たとえば、
インターロイキン 4 という物質は、T 細胞という白血球から分泌されて、抗
体を産生する B 細胞の増殖を促す。

　　<u>脳（内）ホルモン</u>　脳ホルモンは、すでに登場した神経伝達物質（ドーパ
ミンやセロトニンなど）と、脳内で麻薬のように作用するオピオイドとよば
れる一群の物質を指す。オピオイドの中で有名なのは、β エンドルフィンで、
「ランナーズ・ハイ」という、昂揚した気分をもたらして、くり返しその行
為を行わせる効果がある。麻薬は、オピオイド受容体と結合する物質で、結
合すると脳ホルモンが分泌されたのと同様の昂揚感が得られるために、習慣
性をもつ。神経伝達物質の中でもドーパミンなどは、気分がいいときに分泌
されて、前頭葉を刺激し、創造的な活動を助長するといわれる。

　　<u>成長（増殖）因子</u>　生物の発生において、体をつくるのに重要な多くの因
子。細胞や組織の成長（増殖）を促すことが多いので、成長因子と命名され
ているが、細胞分化などにも重要な役割を果たしている。多くは、特定の細
胞によって産生・分泌され、近隣の細胞にある受容体と結合して作用を表す。
主要なグループとして、繊維芽細胞成長因子（FGF）、腫瘍成長因子（TGF）、
神経成長因子（NGF）、表皮成長因子（EGF）、肝細胞成長因子（HGF）な
どがあり、また成長因子としての作用を強くもつ因子群として、骨形成因子
（BMP）、Wnt、ヘッジホッグなどが知られている。

11章 ヒトは病原体とどのようにたたかうか

　ヒトをとりまく環境には病気の原因となる多くの危険な因子がある。それは大きく、生物的なものと非生物的なものに分類できる。生物的なものとしては、細菌やウイルスなどの病原体があり、非生物的なものとしては化学物質や物理的環境がある。ここでは主として生物的因子を取り上げ、ヒトの体がそれらからどのようにして守られているかを考えよう。

　ヒトの体には、これらの病原体を体に入れないようにするしくみと、万が一、病原体が体に侵入してしまったときに、それを無害なものにしたり、排除したりするしくみが備わっている。これらのしくみは免疫とよばれる。免疫の働きがなければ、ヒトはすぐに感染症などの病気にかかってしまう。また、免疫の働きも完全ではなく、私たちがしばしばこれら病原体の攻撃によって病気になってしまうことは、日常的に経験するところである。免疫には、多くの細胞が関わっている。その働きを理解することは、病原体から身を守るためにも重要である。

11.1　免疫とはどのようなことか

　「**免疫**」とは文字通り「疫」（病気）から逃れることであり、ヒトを始め、多くの動物の体に備わったしくみである。現在では免疫という用語がいろいろに用いられているが、ここでは生物学的に見た免疫のメカニズムを紹介する。まず、免疫には自然免疫と獲得免疫という2種類があることをしっかり理解して欲しい。

11.1.1　自然免疫

　ヒトだけでなく、すべての動物は、外界の微生物が体内に侵入することを防止するシステムをもっている（図11.1）。もっとも簡単なのは、皮膚の表皮の細胞がしっかり接着して微生物などが入るのを防ぐしくみである。また、消化器官の内面にはしばしば粘液が分泌されて、これによって微生物などをからめとってしまう。さらには、細胞の表面に繊毛という細かい毛が生えていて、これを使って微生物を除去することもある。

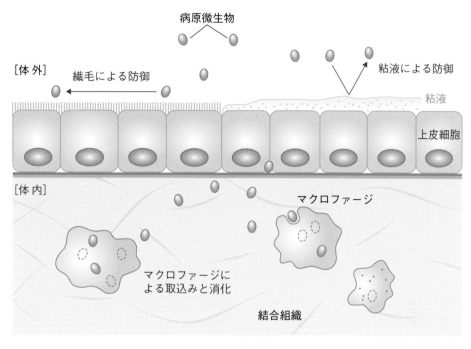

病原微生物

［体外］ 繊毛による防御

粘液による防御

粘液

上皮細胞

［体内］

マクロファージ

マクロファージに
よる取込みと消化

結合組織

図 11.1 自然免疫の模式図
いろいろな防御をまとめてある。

POINT
リゾチーム

リゾチームは、ペニシリンを発見したフレミングによって報告された。ヒトの涙、鼻汁などに分泌される。リゾチームは、グラム陽性菌の細胞壁は溶解するが、グラム陰性菌には効果がない。

また表面の細胞が、細菌の細胞壁を溶かしてしまう**リゾチーム**＊という酵素を分泌して、細菌の付着や繁殖を阻止する。もしなんらかの理由で、病原体が体の中に侵入すると、異物を認識してそれを取り込んで分解する細胞（マクロファージ）が働く。

これらのしくみはヒトの場合、生まれながらに備わっているので、**自然免疫**あるいは先天性免疫とよばれる。

11.1.2 獲得免疫

ヒトなどでは、免疫の中心をなすのは、生後に獲得するしくみで、**獲得免疫**あるいは後天性免疫とよばれる（図 11.2）。このシステムでは、一度体に侵入した病原体などの異物を排除した後に、その異物を覚えていて、次にそれが入ってくると、きわめて速やかに、効率よくそれを排除する。つまり、獲得免疫では、一度侵入した病原体などを記憶していることが重要である。また、効率のよい排除には、「抗体」とよばれる特別なタンパク質が関与する。**記憶**と**抗体**が、獲得免疫の柱である。

獲得免疫で重要なもう一つの用語は「**抗原**」である。抗原は、非自己、つまり異物と認識される物質のことで、多くはタンパク質である。抗原と抗体

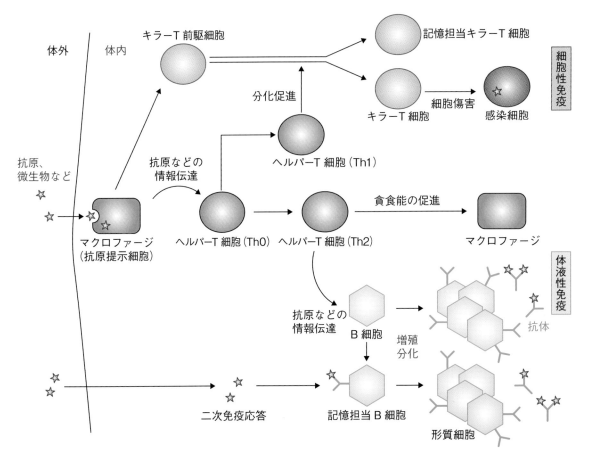

図 11.2　獲得免疫の概念図
獲得免疫は細胞性免疫と体液性免疫に分けられ、どちらも抗原
と記憶がキーワードである。

はきわめて特異的に結合する。タンパク質 X に結合する抗体 X は、タンパ
ク質 Y には決して結合しない。この特異性が、獲得免疫の記憶のもとになっ
ている。

　今、あるヒトの体に、ある病原体が侵入したとしよう。この病原体は体の
中で増殖して体のいろいろな機能に悪影響を与えて、場合によっては重病の
原因になる。体の中では、いくつかの細胞がこの異物（抗原）を認識して、
そのことを抗体産生細胞（**B 細胞**）に伝える。B 細胞は抗体をつくり、抗体
が病原体のタンパク質に結合して、病原体を不活性化する。同時にいくつか
の B 細胞はその抗体をつくることを記憶する。それによって、同じ抗原を
もつ病原体が侵入すると、この B 細胞は、急速に増殖して大量の抗体を作
製する。これによって、同じ抗原をもつ病原体は速やかに排除される。

このように、抗体を用いて病原体などを排除することは、**体液性免疫**とよ
ばれる。

11.1.3　細胞性免疫

一方、ウイルスなどが潜り込んでしまった細胞や、がん細胞のように性質
の変わってしまった細胞は、**細胞性免疫**というシステムで排除する。これら
の細胞の表面には、ウイルスタンパク質の一部や、正常の細胞にはないタン
パク質が存在して、それを手がかりに**キラーT細胞**という細胞が攻撃して破
壊する（図11.2）。また、他人の組織（たとえば皮膚）を移植すると、やは
り細胞性免疫が発動して、移植された組織を排除しようとする。これは、臓
器移植などでは常に問題になることである。

11.1.4　抗原と抗体

抗体はきわめて特異的にある抗原のみを認識すると述べた。抗原はタ
ンパク質であることが多いが、糖質や脂質も抗原になり得る。抗体は
イムノグロブリン（免疫グロブリン） というタンパク質で、4個のサブユ
ニットからなるY字形の構造をしている（図11.3）。Y字の先端部分が抗原
を認識する領域で、抗原の一部の構造やアミノ酸配列を見分ける。抗原のう
ち抗体によって認識される部位を
エピトープとよぶ。

自然界にはほとんど無数の抗原
物質が存在する。ヒトの免疫系が
そのどれにも対処できるのは、抗
体を産生するB細胞の中で、イ
ムノグロブリンをつくる指令を出
す遺伝子に組換えが起こり、少し
ずつ異なるタンパク質ができるか
らである（【発展】参照）。たまた
まある抗原を認識する抗体をつ
くっているB細胞は、抗原がな
くなっても記憶細胞として体の中
に残っていて、次回同じ抗原が侵
入すると、すばやく対処するので
ある。

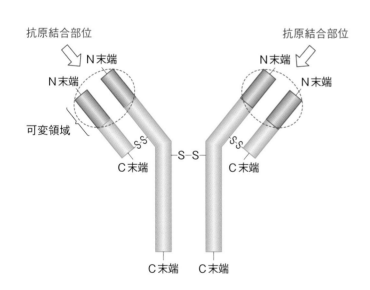

図11.3　抗体の構造
抗体は4個のタンパク質分子から構成され、
それぞれのN末端に近い部分が特異的に抗
体を認識して結合する部位である。

11.2　免疫担当細胞とサイトカイン

11.2.1　免疫担当細胞

免疫は B 細胞やキラー T 細胞のみならず、多くの細胞によって担われている。また、細胞間で種々の情報を交換するための物質がある。免疫担当細胞は白血球である。すべての細胞は骨髄の造血幹細胞に由来する。免疫に関わる白血球には大きく分けて、骨髄系の細胞（単球、マクロファージなど）と、**リンパ球**（T 細胞と B 細胞）がある。
lymphocyte

自然免疫でも獲得免疫でも、最初に異物や抗原を感知してそれを取り込み、その情報を他の免疫担当細胞に伝えるのが、血液中の単球と各組織内の**マクロファージ**である。これらの細胞は、貪食作用という機能をもっていて、
macrophage
異物を細胞内に取り込み、それを分解して抗原を細胞表面に提示することができる。

獲得免疫で中心的な働きをするのが **T 細胞**（T リンパ球）である。この細
T cell
胞は胸腺（thymus）で成熟するので、この名称がある。ヘルパー T 細胞はマクロファージなどから異物や抗原の情報を得て、それを B 細胞などに伝えて抗体の産生を促し、またキラー T 細胞の活性化を促進する。ヘルパー T 細胞が分化しないときわめて重篤の免疫不全症になる。

B 細胞（B リンパ球）についてはすでに述べた。B 細胞は骨髄（bone marrow）で成熟する。抗体を大量に産生するようになった B 細胞は**形質細胞**とよばれる。
plasma cell

11.2.2　サイトカインと補体

これらの細胞間で、情報の交換に用いられる物質は**サイトカイン**[*]とよばれる。表 11.1 に示すように、種々の細胞から多様なサイトカインが分泌され、
cytokine
それを受容する細胞を活性化したり増殖させたりする。これにより体の免疫反応が進行する。

ある病原体などの細胞が自己の細胞ではないと認識されて、その表面にある抗原に抗体が結合しても、それだけでは細胞は排除されない。そのような細胞を破壊するには、**補体**系という数種類のタンパク質が関与する。補体に
complement
は C1 から C9 までの番号が振られていて、まず C1 が抗体に結合する。これは次に C4 を活性化し、C4 は C2 を、C2 は C3 を順次活性化する。以下、

POINT
**サイトカイン
ストーム**

近年パンデミック感染を引き起こした新型コロナウイルス感染症では、感染によって引き起こされた過剰なサイトカインの分泌が、血液凝固をもたらし、血栓形成の原因になるといわれた。サイトカインによるこのような過剰の反応はサイトカインストームとよばれる。

表 11.1 主要なサイトカイン

種類	産生細胞	主な活性
IL-1	単球、マクロファージ	T 細胞活性化
IL-2	T 細胞	T 細胞増殖
IL-4	T 細胞	B 細胞増殖分化
IL-6	T 細胞、単球など	B 細胞増殖分化
IL-12	マクロファージ	NK 細胞活性化、T 細胞分化
IFN-α	単球、マクロファージ	抗ウイルス作用
IFN-γ	T 細胞など	食細胞などの活性化

IL：インターロイキン、IFN：インターフェロン

番号順に活性化が進行し、最終的に C6 から C9 が細胞膜に結合して穴をあけ、細胞内容物を流出させて細胞を破壊する。

11.3 移植免疫と免疫に関わる病気

11.3.1 移植免疫

　病気などである臓器（器官）が不全になったときに、他人から臓器を移植することが行われる。一卵性双生児以外の他人からの臓器は、抗原性が異なるので、異物として認識され、免疫的に排除される。これには主として細胞性免疫が関与する。このような拒絶反応は、移植された細胞の表面に存在する多くの抗原が関わり、とくに重要なのは**主要組織適合抗原**とよばれる抗原群である。拒絶反応を抑えるには、リンパ球の活性化や増殖を阻害したり、サイトカインの働きを抑制する免疫抑制剤が用いられるが、それにより宿主（移植を受けた側）の免疫力は低下するので、注意が必要である。

major histocompatibility antigen

11.3.2 自己免疫疾患と免疫不全症

　免疫系の病気としては、自己免疫疾患と、外部からの感染に対する免疫力の低下（免疫不全症）がある（表 11.2）。

　自己免疫疾患は、自分の抗原に対して抗体ができてしまう病気で、関節リウマチ、全身性エリテマトーデスなどがある。また多くの**アレルギー性疾患***は、外部からの抗原に対して過剰な免疫反応が起こることで発症する（花粉症など）。

autoimmune disease
allergy

POINT
アレルギー性疾患

アレルギーはⅠ型からⅣ型に分類される。Ⅰ型には花粉症や食物アレルギー、Ⅱ型には血液型不適合輸血、Ⅲ型には関節リウマチ、Ⅳ型にはツベルクリン反応などが含まれる。

表 11.2　代表的な免疫疾患

	疾患
アレルギー性疾患	花粉症、喘息、じん麻疹、重症筋無力症、関節リウマチ、接触性皮膚炎
先天性免疫不全症	無 γ グロブリン血症、重症複合免疫不全症、慢性肉芽腫症、補体欠乏症
後天性免疫不全症	エイズ、悪性リンパ腫

　免疫不全症は遺伝的な疾患（先天性不全症）と**エイズ***のような後天性不
immunodeficiency　　　　　　　　　　　　　　　　　　acquired immunodeficiency syndrome
全症に分けられる。先天性不全症では、T 細胞の機能不全による重篤な複合
免疫不全症が知られている。後天性不全症のもっとも典型的なものはエイズ
で、**ヒト免疫不全ウイルス（HIV）**が T 細胞に感染して徐々に破壊することで、
human immunodeficiency virus
免疫力が低下し、種々の感染症に冒されやすくなる。

11.4　病原体の種類と病気

　私たちの周りにはほとんど無限の病原体が存在する。その中で重要なのは
ウイルスとバクテリア（細菌）、および原生生物である。

11.4.1　ウイルス

　ウイルス（☞ 2.1.7）は核などの構造をもたない。遺伝物質として RNA を
virus
もつもの（RNA ウイルス）と DNA をもつもの（DNA ウイルス）がある。
どちらも、生物の細胞に感染して、その細胞の核酸やタンパク質合成のしく
みを利用して、遺伝物質と周囲の殻をつくり、増殖する。またある種のウイ
ルスの核酸は、宿主のゲノム内に挿入されて、長い期間にわたって自らのタ
ンパク質を合成し、あるいは細胞の増殖などに影響を与える。

　インフルエンザウイルス（図 2.2）などは、細胞に感染すると、大量に自
influenza virus
己再生産してその細胞を破壊し、次々と別の細胞に感染することで病気を引
き起こす。一方、エイズの原因となるヒト免疫不全ウイルス（HIV）は、T
細胞のゲノムに組み込まれて、何年、あるいは何十年もかかって、しだいに
T 細胞を破壊して免疫不全症をもたらす。表 11.3 に代表的な病原性ウイル
スをあげた。

表 11.3　代表的な病原性ウイルス

ウイルス名	遺伝物質（DNA, RNA）	疾患
ヒトアデノウイルス	DNA	いわゆる風邪、上気道感染症、胃腸炎
単純ヘルペスウイルス	DNA	ヘルペス
B 型肝炎ウイルス	DNA	B 型肝炎
ポリオウイルス	RNA	急性灰白髄炎（小児麻痺）
A 型肝炎ウイルス	RNA	A 型肝炎
日本脳炎ウイルス	RNA	日本脳炎
ヒト免疫不全ウイルス	RNA	エイズ
ヒトインフルエンザウイルス	RNA	インフルエンザ
エボラウイルス	RNA	エボラ出血熱
コロナウイルス	RNA	季節性風邪、新型コロナウイルス感染症

11.4.2　バクテリア

　バクテリア（**細菌**）は原核生物（3 章）であり、はっきりした核の構造を
もたない。遺伝物質は環状になった 1 本の DNA で、リボソームはあるが、
ミトコンドリアなどの細胞小器官をもたない。細胞の周囲に細胞壁をもち、
その性質によってグラム陽性細菌とグラム陰性細菌に分類される。また、細
胞の形状から、球菌、桿菌、らせん菌に分類される。

　バクテリアの中には病原性をもたず、医療、農業、環境修復などの分野で
人間にとって有用な働きをするものも多い。一方、コレラやペスト、結核な
ど、多くの人命を奪ってきた伝染病、種々の食中毒、胃潰瘍などの原因にな
るバクテリアも知られている（表 11.4）。バクテリアの病原性は多くの場合、
それが生産する毒素による。

表 11.4　代表的な病原性バクテリア

バクテリア名	性質	疾患
大腸菌	グラム陰性、桿菌	出血性大腸菌感染症
赤痢菌	グラム陰性、桿菌	赤痢
ペスト菌	グラム陰性、桿菌	腺ペスト、肺ペスト
コレラ菌	グラム陰性、桿菌	コレラ
ピロリ菌	グラム陰性、らせん桿菌	胃潰瘍
黄色ブドウ球菌	グラム陽性、球菌	化膿性疾患、食中毒
結核菌	グラム陽性、桿菌	結核
ボツリヌス菌	グラム陽性、桿菌	食中毒

11 章

ヒトは病原体とどのように
たたかうか

11.4.3　原生生物と真菌類

　原生生物は、バクテリアと違って核をもつ真核生物であるが、主に単細胞の生物である。病原性をもつのはマラリア原虫、トリパノソーマ、膣トリコモナスなどである。**真菌類**は、多細胞または単細胞性の真核生物で、パンをつくるときに用いられる酵母菌など、有用な働きをするものも多いが、カンジダ症などの原因になるものもある。

【発展】　抗体の多様性を生むしくみ

　抗体として働くタンパク質である**イムノグロブリン**には、IgG、IgA、IgM、IgD、IgE という種類があり、それぞれ少しずつ異なる機能をもっている。IgG は主要な抗体タンパク質である。どのタイプも、Y 字形の先端部分で抗原と結合する（図 11.3）。

　この可変領域をつくっているポリペプチド鎖は、単一のポリペプチド鎖ではなく、何本かの鎖がつながってできている。それぞれの鎖をつくるもとの遺伝子は一つではなく、場合によると 300 以上の遺伝子がある。それぞれの鎖をつくるときはこれら多くの遺伝子からランダムに選ばれる。したがって、可変領域のポリペプチド鎖はきわめて多様性に富むことになる。単純な計算では、IgG の多様性（組合せの多様性）は 10^7 を優に超える。

　ある B 細胞の中では 1 種類の抗体のみが産生されるが、その細胞では使われなかった抗体遺伝子は、ゲノムからも脱落してしまう。これは細胞分化に伴って、ゲノムが変化するきわめてまれな例である。

12章　ヒトはどのように次の世代を残すか

「生物は何のために生きているのだろう」、と問われたら、あなたは何と答えますか。これは答えようのない質問のように思われるが、生物学的には比較的単純で、答えは「次の世代を残すため」ということになる。次の世代を残せない、あるいはほとんど残せない生物種は、当然そこで滅びてしまって、その遺伝子も絶えてしまう。より多くの子を残す能力をもつ個体の遺伝子が次の世代に引き継がれる機会が多くなり、その結果、長い進化の過程を経て、現存するほとんどすべての生物は、高い繁殖力をもつようになっている。多くの生物は、次の世代をできるだけ多く残すために、それぞれの生息する環境に適応しているのである。

ヒトも例外ではなく、その「生物学的」使命は、次の世代を残すことである。いうまでもなく、ヒトはその脳の発達（☞ 15.1.1）によって、自分自身のことを考え、宗教や哲学や科学を発展させてきた。それによってヒト、あるいは人間は、その「使命」についても様々な考えをもつようになった。次の世代を残すかどうかは、個人の「自由」の中でももっとも重要な選択項目である。しかし、多くのヒトが次の世代を残すことをためらう、あるいは拒否するようになったら、ヒトの未来がないことは自明であろう。

本章では、ヒトはどのようにして次の世代を残すか、ヒトはどのように発生するか、ヒトの体はどのようにして形成されるかについて学ぶ。このことは、上に述べた「使命」を考える上でも、重要な指針となるはずである。

12.1　ヒトのライフサイクル

12.1.1　ライフサイクルとはなにか

ライフサイクル（**生活環**）という用語はいろいろに用いられる。たとえば、
life cycle
ある心理学者は、人生をいくつかの段階に分けて、それらを総称してライフサイクルとよんだ。一方、生態学ではある地域の植物相が変化することをライフサイクルといい、さらに、環境学では、ある製品が作られてから最終的にごみとして処理されるまでの過程をライフサイクルといって、その間にど

れほど環境に負担をかけるかが研究されている。本章で扱うライフサイクルは、あるヒトが生殖によって次の世代を残し、次の世代がふたたび生殖によって次世代を残すまでのサイクルである。

12.1.2　ヒトのライフサイクルの概略

　図 12.1 はヒトのライフサイクルの概略である。サイクルのどこを出発点にするかはあまり問題ではない。ここでは、卵と精子が出会って新しい個体になる受精を出発点としている。卵と精子はともに 1 個の細胞であるが、両者は受精によって新しい遺伝子の組合せをもった 1 個の細胞をつくり、これが新しい個体の出発点になる。ヒトの体は多細胞であるから、この受精卵は細胞分裂をして、細胞数を増やす。最初は分裂して生じる細胞はどれも似ていて、少しずつ小型になる。しかしやがて、細胞間に違いが生じる。このしくみはヒトの発生を考える上でとても重要である。

　ヒトは哺乳類であるので、発生中の若い個体である胚は、母親の子宮の中で育つ。そのために、胎盤という大変によくできた組織が形成される。胚は胎盤から栄養分を補給されて成長し、多くの細胞（3 章）を生じて、しだい

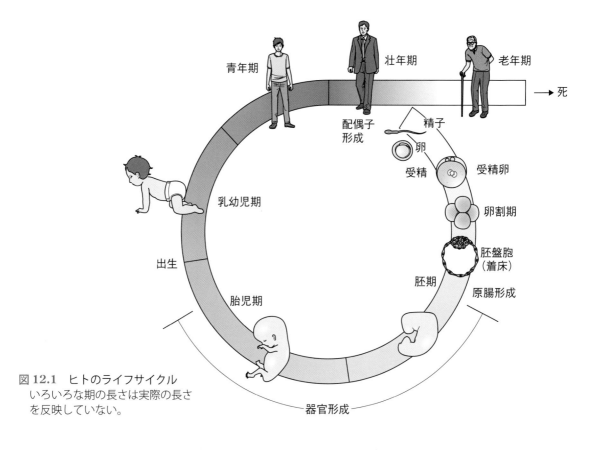

図 12.1　ヒトのライフサイクル
　いろいろな期の長さは実際の長さを反映していない。

に各器官も形成される。妊娠の 8 週目からは胎児とよばれる。胎児は受精からおよそ 265 日を経て、出産される。

　出生後も乳児は成長し、幼児期を経て、思春期に達し、性的に成熟し、卵や精子をつくり、次世代を残すようになる。これでサイクルが完成する。ヒトは、こどもをつくる能力を失っても、まだ生存することが多い。しかしいずれ、個体としては死を迎える。老化もまたヒトのライフサイクルの一部と考えていいであろう。

12.2　ヒトの生殖と初期発生

12.2.1　精子形成

　男性の生殖腺は**精巣**で、思春期以後には、1 日に数千万から数億に達する
_{testis}
精子が形成されている。精巣の中には、精細管という細い管があり、管壁に近いところに精子のもとになる**精原細胞**があり、活発に分裂する。分裂
_{spermatogonium}
した細胞のあるものは、**減数分裂**（図 12.2、図 6.5 も参照）という特別な分
_{meiosis}

12 章　ヒトはどのように次の世代を残すか

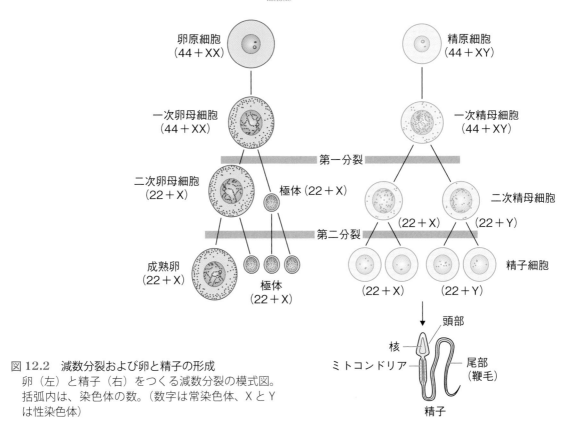

図 12.2　減数分裂および卵と精子の形成
　卵（左）と精子（右）をつくる減数分裂の模式図。
　括弧内は、染色体の数。（数字は常染色体、X と Y
　は性染色体）

裂の過程に入る。減数分裂でも体細胞分裂同様まず染色体が複製して、そのために DNA が一時的に $4c$ の状態（☞3.3.2）になる。このような細胞を**精母細胞**とよぶ。精母細胞はその後、2 回分裂するが、そのときにはもう
spermatocyte
DNA の複製は起こらず、2 回の分裂で生じた 4 個の細胞（精子細胞）は、染色体を 1 組しかもたない。DNA（染色体）が半分になるので、この過程を減数分裂とよぶのである。精子細胞はその後、核とミトコンドリア以外のほとんどの細胞小器官を失い、長い尾をもつ**精子**へと変化する（図 12.2）。
spermatozoon

　核は遺伝情報（染色体）を含み、尾とミトコンドリアは卵にたどり着くための運動器官とエネルギーの供給源である。

12.2.2　卵 形 成

　女性の生殖腺は**卵巣**で、精子とは異なり、生殖細胞である**卵**[*]はおよそ
ovary
1 か月に 1 個だけ成熟する。卵のもとになるのは**卵原細胞**であり、それが
oogonium
減数分裂に入って**卵母細胞**になる。精子同様に 2 回の分裂で DNA 量（染色
oocyte
体数）が半分になる（図 12.2）。卵原細胞や卵母細胞は、**濾胞細胞**という細
follicle cell
胞に取り囲まれ、それを通じて栄養分を細胞質内に蓄える。したがって卵細
胞は精子にくらべると体積では数千倍も大きい。

　卵形成の過程では、減数分裂で生じる 4 個の細胞のうち 3 個は蓄えた栄養
分を受け取らずに退化する（極体）。すべての栄養分を受け取った 1 個だけ

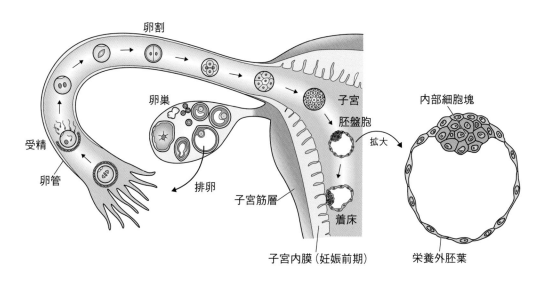

図 12.3　受精から着床までの過程
受精卵はゆっくり分裂しながら卵管を下って、
子宮に到達する。胚盤胞の拡大図も示す。

が成熟する。

　十分に成熟した卵細胞（卵）は、卵巣から**排卵**され、卵管という管に入って、卵が卵管の上部にある間に精子が到着すると、**受精**する（図 12.3）。

12.2.3　受　精

　射精された精子は、膣、子宮を経て卵管に至り、卵管の上皮細胞に生えている繊毛の運動などによって上部へと向かう。卵に到達した精子は、卵の周りにある透明な保護物質を溶解して卵の細胞膜と接触し、精子の細胞膜と卵の細胞膜が融合する。精子の核が卵の細胞質内に入り、やがて 2 個の核が融合する。こうして DNA 量（染色体数）がもとに戻った新しい細胞（**受精卵**）が誕生する。精子のミトコンドリアは卵細胞質内で破壊されてしまうので、すべてのヒトのもつ**ミトコンドリア DNA** *は母親由来である。

　1 個の精子が卵と受精すると、卵の細胞膜などに変化が起こり、それ以上の精子が受精できないようになる。これは**多精拒否**機構とよばれる。多数の精子が受精すると、その受精卵は異常な発生をすることがある。

12.2.4　卵割、着床、原腸形成

　受精卵は、間もなく細胞分裂を始める。発生初期の分裂はとくに**卵割**とよばれ、多くの動物ではきわめて速く分裂する。ヒトの場合は比較的ゆっくりで、最初の分裂まで 24 時間ぐらいかかり、その後の数回の分裂も 12 時間程度を要する。最初は分裂して生じる細胞（割球）はどれも同じような細胞で、もちろん段々小型になる。しかし 3 回目の分裂（8 割球）後に、それまでほとんど独立していた割球が、互いに緊密にまとまるようになる。これは**コンパクション**（緊密化）とよばれ、発生の上では重要な出来事とされる。これ以後、分裂した細胞のうちあるものは胚の外側の細胞層（栄養外胚葉）になり、内部にある細胞塊（**内部細胞塊**）とは異なる発生運命を辿るようになる。前者は胎盤の一部を構成し、後者は胚そのもの、胎児、そして成人の体をつくる細胞群である（図 12.3）。

　このような状態になった胚は**胚盤胞**とよばれ、これが子宮の壁に潜り込んで**着床**が成立する。栄養外胚葉は母体の子宮組織とともに**胎盤***を形成する。胎盤は、胚の組織の一部が指状の突起（絨毛）をたくさんつくり、その中に胚から伸びる血管が走り、絨毛全体が母親の血液のプール（類洞）の中に浸かっている、という構造をしている（図 12.4）。胚や胎児が受け取る酸素や栄養分は、母親の血液から、絨毛中の胚や胎児の血管へと渡され、胚や胎児

12章

ヒトはどのように次の世代を残すか

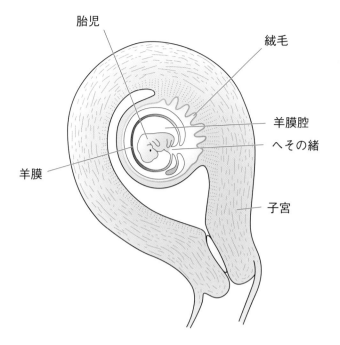

図12.4　胎児と胎盤の関係
絨毛の周囲には母親の血液が貯まっている。
羊膜は、胎児を包む膜。

（図内ラベル：胎児、絨毛、羊膜腔、へその緒、羊膜、子宮）

の老廃物（二酸化炭素や窒素を含む老廃物）は逆のルートで母親の血液中に放出される。胎盤と胚や胎児はへその緒（臍帯）でつながっている。胎盤は大変によくできた構造物で、胚や胎児は胎盤のおかげできわめて安全に成長することができる。

　内部細胞塊は、すぐに円盤状の2層の細胞層を形成する。そしてやがて上層の細胞が、下層や、上層と下層の間に移動して、新たに3層の構造をつくる。このプロセスは、**原腸形成**（gastrulation）という難しい名前でよばれ、これも発生過程では重要な出来事とされる。これ以後この3層（上から外胚葉、中胚葉、内胚葉）の細胞が複雑な移動、変形、分化の過程を経て、体をつくる種々の組織、器官を形成することになる。

12.3　器官形成と細胞分化

12.3.1　器官形成

　原腸形成によって3胚葉が生じると、続いて**器官形成**（organogenesis）の段階が始まる。体を構成する器官は同時にできるのではなく、神経系や心臓は比較的初期に形成される＊。とはいえ、これらの器官も最初から完成されたものとしてできるわけではなく、最初は器官としての働きももたず、比較的単純な細胞の集合体として出現する。

　たとえば、ヒトの**腕**（arm）のでき方を見てみよう（図12.5）。腕は体の側面、心臓の横あたりにあるが、最初はこの部分の小さい膨らみにすぎない。膨らみは皮膚の表皮と将来真皮になる細胞からなっている。膨らみは急速に伸張して、しだいに肘の部分や手首が見えるようになる。手の先端はしゃもじのような形をしているが、あるとき、指の間の細胞が自律的に死滅して指が明瞭になる。

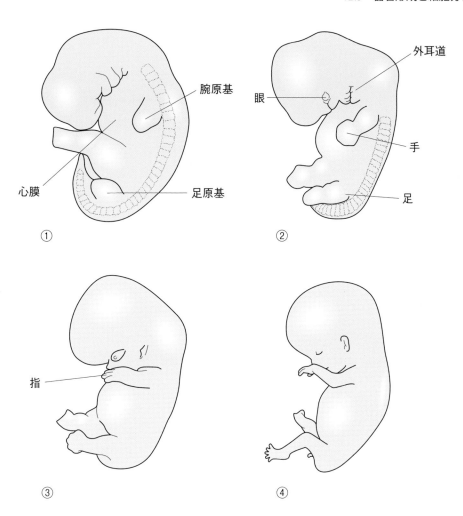

図 **12.5** 胚および胎児の発達と腕の形成
①５週目の胚（約 7 mm）　②６週目の胚（約 13 mm）　③７週目の胚（約
18 mm）　④８週目の胎児（約 30 mm）　大きさは実際の大きさを反映して
いない。（Streeter より改変）

　一方、腕の内部では、最初は上腕骨、ついで橈骨と尺骨、さらに掌の骨や
指骨のもとになる軟骨が形成され、軟骨が硬骨に置き換わって腕の骨が完成
する。筋肉になる細胞は、体の他の部分から移動してくるし、やがて神経も
延びてきてこれらの筋肉を支配するようになる。もちろん血管も進入して細
胞に栄養分を供給するようになる。これらの過程では、腕を構成する多くの
細胞や組織（７章）が密接に情報を交換し、その相互の位置を変え、活発に
分裂し、形を変えることで腕という機能的な器官ができあがる。
　腕の形成は器官形成のほんの一例にすぎない。あらゆる器官は、実に多く
の細胞が複雑に関連しあって形成される（７章【発展】参照）。

12.3.2　細胞分化

ヒトの体にはおよそ200種類、全部で数十兆個の細胞があると前に述べた（3章）。これらはどれも受精卵という1個の細胞が分裂して生じたものである。また、細胞の性質や特徴は、最終的にはDNAに存在する遺伝子の働きで決まることも述べた（6章）。それでは、1個の受精卵から発生が進む間に、どのようなしくみで多様な細胞が生じるのだろうか。このように、ある細胞から多くの種類の細胞が生じることを細胞分化とよぶ。**細胞分化**のメカニズムは、生物学の中でももっとも重要な課題の一つである。

ヒトの遺伝子数はおよそ22,000個といわれる。ほとんどの遺伝子は特定のタンパク質を指定している。しかし、すべての細胞で常にすべての遺伝子が発現しているわけではない。分化した細胞では、細胞が生存するのに必要な遺伝子（たとえば解糖系の酵素などの遺伝子）と、その細胞が果たすべき役割に必要な遺伝子だけが発現する。膵臓のβ細胞ではインスリン遺伝子が発現するが、この遺伝子は神経細胞では発現しない。膵臓のβ細胞では神経伝達物質の遺伝子は発現しない。このように、細胞ごとに発現する遺伝子が異なることを「**選択的遺伝子発現**」とよぶ。選択的遺伝子発現こそ細胞分化の基盤である（☞ 6.1.3）。

選択的遺伝子発現は、細胞をとりまく環境、つまり近隣の細胞や細胞を浸している体液（組織液）などの情報によって制御される。前述のホルモンなどの作用を思い出して欲しい。また発生の過程では、組織間、あるいは細胞間の情報交換による選択的遺伝子発現が重要な役割を担っている（7章【発展】）。

12.4　出産から老年期まで

12.4.1　出　産

POINT
出産予定日

一般に出産予定日は最終月経開始日から280日後とされる。

ヒトでは受精後およそ265日で**出産**[*]が起こる。そのころまでに胎児の体内では、出生後の生活に必要な器官はすべて形成されているが、多くの器官はまだ完全ではない。

出産は、母体にとっても新生児にとっても大変な出来事である。出産時には母体内のホルモン分泌が大きく変化して、とくに**オキシトシン**というホルモンが子宮の収縮を促し、胎児を押し出すとともに、胎盤を剥離させる。また、

プロラクチンというホルモンが母親の乳腺を刺激して、母乳の分泌を促す。
_{prolactin}

　新生児は主として母乳から栄養分を吸収し、急速に成長しながら、それぞれの器官が完成していく。また、新生児はそれまでほぼ無菌的な環境で発生してきたので、外来の病原菌などに対する免疫をもっていない。母乳、とくに初乳に含まれる IgA というイムノグロブリン（11 章）は、新生児の消化管に侵入する病原菌を攻撃して、新生児を保護する重要な働きをする。

12.4.2　乳幼児期の発達

　新生児から乳児期のこどもの発達は著しい。身長や体重の増加もそうであるし、寝たきりの状態からはいはいし、そして立って歩行するなどの活動も日に日に変化する。また、言語の習得もすばらしい能力である。ヒトの乳幼児期は、類人猿などと比較すると長く、そのことがヒトの特性と大きく関係しているといわれる。

　神経細胞*は 2 歳頃までは数を増すが、その後はほとんど分裂しない。む
_{nerve cell}
しろ成人になるとかなりの数の脳神経細胞が死滅する。しかし、乳幼児期から青年期にかけて、シナプスの数が増加し、それによって複雑な神経回路が形成され、記憶など高次神経活動が可能になる。この期間にどれほど多くの知的経験を積むかは、その後の神経系の活動に大きな影響を与える。

12.4.3　青年期、壮年期、老年期

　思春期に達すると、前述のように、ホルモンの作用によって生殖に関連した機能が発達する。男性では精子の形成が始まり、女性では卵の成熟と排卵が周期的に起こる。

　青年期、壮年期はヒトの身体的機能がもっとも充実する時期である。種々の社会的活動はほとんどがこの時期に行われる。結婚・出産などによって次世代を残すのもこの時期である。

　老年期には、身体的機能がしだいに低下*する。いわゆる老化である。
_{senescence}
その原因については諸説がある。近年有力なのは、染色体の末端部分（テロメア）が、細胞分裂のたびに少しずつ短くなり、ある程度短くなると
_{telomere}
もはやその細胞は分裂できなくなるという、テロメア仮説である。テロメアを伸長させる酵素（テロメラーゼ）が知られていて、この酵素の活性は、生殖細胞やがん細胞など、高い分裂頻度をもつ細胞で高い。老化については、テロメア仮説以外にも、コラーゲンなどの生体高分子の性質が変化する、種々の分子を酸化する活性酸素が体内に蓄積する、など多くの仮説がある。

**POINT
神経細胞の数**

ヒトの大脳皮質にある神経細胞の数はおよそ 150 億個といわれる。

**POINT
フレイル**

老化の初期段階として、フレイル（虚弱）という状態が注目されている。これは、活力が低下し、心身の脆弱性が見られる状態であるが、適切なサポートにより回復可能な段階である。

【発展】　幹　細　胞

　2012 年の**山中伸弥**教授のノーベル生理学・医学賞受賞は、**幹細胞**という
ものへの関心を高めた。幹細胞は「自ら分裂して細胞数を増やし、また種々
の細胞に分化する能力をもった細胞」と定義される。山中教授は、ヒトなど
の分化した体細胞に数種類の遺伝子を導入して働かせ、「未分化」な状態の
細胞（人工多能性幹細胞、**iPS 細胞**）に戻して、それを種々の条件下で培養
することで多種類の分化細胞を作り出している。これらの細胞を利用すると、
失われたり、機能が低下したりした細胞の代わりが務まると期待される。

　iPS 細胞は人間が作り出した細胞である。同様の細胞と
して、ヒトなどの内部細胞塊を適当な条件下で培養して得
られた ES 細胞がある。ES 細胞はすでに数十年の研究の
歴史があり、これも再生医療への応用が期待されている。
ただし、**ES 細胞**の場合は、その提供者が他人であるために、
常に免疫的に排除される可能性がある。iPS 細胞は、患者
本人の細胞からも作製できるので、免疫の問題は少ない。

　一方、ヒトなど多くの動物の体内には、本来高い分裂能
と多分化能をもった幹細胞がきわめて多く存在する。とく
に腸や皮膚などのように、細胞の代謝（回転）が速い器官
には、多くの幹細胞がある（図 12.6）。また、骨髄には、
きわめて広い範囲の細胞に分化できる骨髄幹細胞がある。
この幹細胞は、患者自身の骨髄から採取できるので、やは
り免疫的問題の少ない**再生医療**に利用可能で、すでに臨床
的に応用されている例も多い。

　神経細胞、とくにニューロンは生後間もなく分裂能力を
失う、と述べた。しかし近年、神経系にも幹細胞があるこ
とがわかり、大きな話題になった。神経幹細胞は、脳の特
定の部位に少数存在するだけであるが、この幹細胞を培養
で増やして、アルツハイマー症や脊髄損傷などの再生医療
に応用することが検討されている。

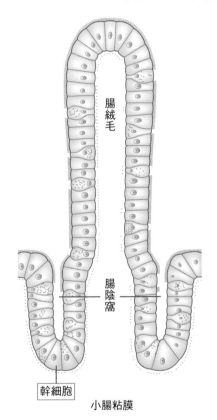

図 12.6　小腸幹細胞
　小腸の上皮細胞は腸陰窩にある幹細胞
が分裂して生じ、絨毛を上に向かって
移動し、4 〜 6 日で絨毛の頭頂部から
はがれおちる。図 1.1 も参照。

13章 ヒトはどのように進化してきたか

　ヒトが類人猿（チンパンジー、ゴリラ、オランウータン）と共通の祖先から
進化してきたことは、現在では疑う人は少ない。ヒトの特徴や性質を考えるとき
_{evolution}には、ヒトがどのように進化したかを知ることが重要である。

　生命とよべるものはおよそ40億年前に地球上に出現した。最初の細胞は35億
年前に生じたといわれる。それ以来、生物は変化する地球の環境に適応しながら、
種々の代謝経路を生み出し、きわめて多様な体制を作り上げてきた。せっかく新
しい体制ができても、環境に適応しないものは間もなく死滅した。このようなこ
とをくり返しながら、現在ではおよそ数百万種（あるいは数千万種）の生物が地
球上に生存している。ヒトはその中のごく一部にすぎないが、その体内にはこの
長い生物の歴史が刻まれている。

　本章では、太古の地球の状態、そこに誕生した生命の姿、細胞の誕生、多細胞
生物の出現をまず扱う。その後はヒトの進化に向けた生物の歴史、つまり脊椎動
物の出現、陸上への進出、哺乳類の出現、そして霊長類とヒトの進化のあとを辿
ることにしよう。

13.1　生命の起原と初期の進化

13.1.1　化学進化と生命の起原

　地球は45.5億年前に誕生した（図13.1）。誕生したときは全球が火の玉で、
地表に水分はなく、もちろん生命が存在することはできなかった。地球が冷
えるにつれて大気中の水蒸気が雨となって降り注ぎ、地表は急速に冷却され
た。雨は陸地をけずって、その中に含まれる塩分を海に蓄積した。

　初期の生命はこのような海水中に発生したと考えられている。ここでいう
生命とは、細胞を構成するいくつかの高分子の複合体のようなもので、まだ
細胞というはっきりした形をとっていなかった。それではそのような高分子
はどのようにして生じたのだろうか。その頃の大気は、現在とは異なり、酸
素がほとんどなかった。主な成分は一酸化炭素、二酸化炭素、メタン、アン

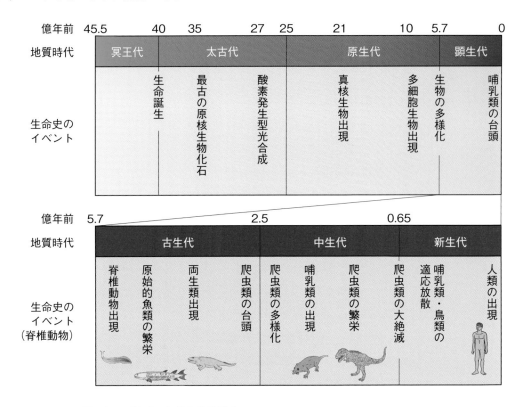

図 13.1　地球の年代と生物進化
下段は顕生代（肉眼で見える化石の存在する時代）の拡大図で、脊椎動物の
進化のみをあげた。時代の長さは実際の長さを反映していない。

モニア、水蒸気であった。これらの成分が、雷（放電）のエネルギーによっ
て化学反応し、アミノ酸などの単純な**有機物**を生じた、というのが現在もっ
とも有力視されている考えである。なお、有機物は、**隕石**によって地球にも
ち込まれたとする考えもある。実際、いくつかの隕石からは核酸の原料とな
る物質が発見されている。

　これらの成分から細胞の誕生への道は遠い。まず細胞膜に相当する脂質の
袋が生じ、その中に種々の有機物が高濃度に集積する状態があったと考えら
れる。しかしそれでは、遺伝物質をもち、自己再生産などの性質をもった細
胞になり得ない。現在では、最初の遺伝物質は RNA であり、この RNA は
同時に酵素としての機能ももっていたとする、「**RNA ワールド***」という考
えが有力である。このような細胞出現以前の有機物や高分子の生成、それら
の反応による細胞の構成要素の形成の段階は、**化学進化**とよばれる。

　現在知られている最初の細胞の化石は、35 億年前のものである。おそら
くはその数億年前から生命とよべるものが存在したと考えられる。最初の細

POINT
RNA ワールド

RNA は一本鎖であ
るので、DNA よ
り不安定であり、
やがて遺伝物質と
してはより安定な
DNA が RNA に
取って代わった。

胞は当然原核細胞であった。

13.1.2　多細胞生物の出現とカンブリア紀の大放散

　原核細胞はバクテリアのような生物で、その後20億年ほどの間は地球の
prokaryotic cell
海にはこの生物があふれていた。やがて、原核生物の中に、太陽光をエネル
ギーとして用いて、酸素を発生する光合成を行うシアノバクテリア（ラン藻）
という細胞が出現した。これにより大気中の酸素はしだいに増加し、生物進
化に大きな影響を与えた。

　真核生物はおよそ21億年前に出現した。真核生物が誕生するには、核膜
が生じることと、ミトコンドリアなどの細胞小器官が形成されることが重要
であった。ミトコンドリアは、高い好気呼吸効率をもった原核細胞が他の原
核細胞に内部寄生して生じたと考えられている（図13.2）。同様に、光合成
バクテリアが他の原核細胞に内部寄生して、葉緑体となった（**共生説***）。
symbiotic theory

　生物進化における次の大きな出来事は、**多細胞生物**の出現である。これは
multicellular organism
10億年ほど前のことである。生物の多細胞化は、細胞の機能分化が起こり、

POINT
共生説

共生説の根拠とし
ては、ミトコンド
リアや葉緑体が二
重膜をもつことと、
独自のDNAをも
つことがあげら
れる。

**13
章**

ヒトはどのように進化
してきたか

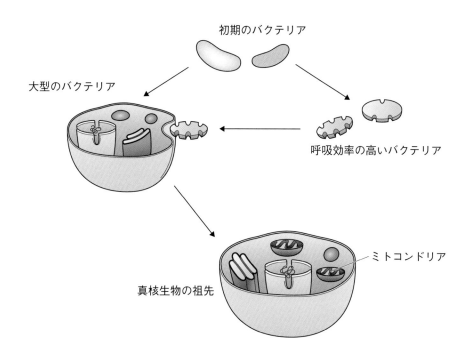

初期のバクテリア

大型のバクテリア

呼吸効率の高いバクテリア

真核生物の祖先

ミトコンドリア

図13.2　細胞の共生によるミトコンドリアの獲得
　大型のバクテリアが呼吸効率のよい小型バクテリアを取り込んだ。宿主細胞
はミトコンドリアに栄養分を与え、ミトコンドリアは効率よくエネルギーを
作り出して宿主細胞に供給する。

また生殖細胞が生じて有性生殖が可能になったという点で重要である。有性生殖では、ある個体の遺伝子型は親の遺伝子型とも、兄弟姉妹の遺伝子型とも異なる（6章）。このような遺伝子型の多様性によって、生物集団の中には環境が変化してもそれに適応する個体がいるために、死滅することが少なくなる。こうして、生物の進化速度は一気に速まった。

　地質時代（図13.1）のうち、古生代の最初の時期である**カンブリア紀**とその直前には、すべての生物グループで、一気に多くの種類が生じた。このように大規模に種類が増えることを放散といい、それが環境に適応して起こる場合には**適応放散**とよぶ。カンブリア紀には、動物の適応放散が起こり、現在知られているほとんどすべての大きな動物群が出現した。この中には、脊椎動物の祖先と考えられる動物も含まれている。なお、この頃までの生物は、すべて海中に生息する生物であった。

13.2　脊椎動物の進化

13.2.1　魚類、両生類、爬虫類

　脊椎動物の中で最初に出現したのは**魚類**であった。初期の魚類は硬い甲冑を身にまとっていた。魚類は大きく軟骨魚類と硬骨魚類に分けられ、硬骨魚類は現在でも脊椎動物の中でもっとも種数の多いグループである。

　ついで、**両生類**が進化した。ここで重要なのは、生物が陸上に進出したことである。生物の中で最初に陸に上がったのはある種の植物で、ついで昆虫であったと考えられる。両生類が陸に上がるときには、肺呼吸、乾燥から身を守る方法、しっかりと体を支える強い骨格、などの発達が必要であった。また、受精卵などは空中ではすぐに乾燥してしまうので、両生類の発生は水中で行われる。この意味で両生類はまだ完全に水生生活から脱出したわけではなかった。

　中生代に入ると、すでに出現していた**爬虫類**が地球を支配した。爬虫類は、卵を卵殻や卵殻膜で保護することで、陸上で産卵することが可能になったので、完全に陸上で生活することができるようになった。爬虫類は、陸上に豊富に存在した植物を食料とする、巨大な体躯をもつ種類や、それを捕食する強力な肉食類に放散した。中にはふたたび海に戻ったものや、翼竜のように空を滑空するものも出現した。中生代はまさに爬虫類の時代であった。

　哺乳類*は、実はかなり古く、2億2500万年前ぐらいには出現していた。

POINT
最古の哺乳類化石

日本最古の哺乳類化石（1億1千万年前）は、ササヤマミロス・カワイイ。篠山層群という地層で発見され、著名な人類学者に因んでいる。

その祖先がどのような動物であったかについては現在もまだ研究が続けられている。いずれにしても中生代の哺乳類は小型の夜行性の動物で、爬虫類、とくに恐竜の陰に隠れた目立たない存在であった。

恐竜はこのように、中生代に地球の覇者となったが、およそ6500万年前の、巨大隕石の衝突による気候の変動で、絶滅したと考えられている。隕石はアメリカ大陸のユカタン半島付近に落下し、それ以後その衝突が引き起こした塵埃などで太陽光が遮られ、気温の低下や植生の変化がもたらされたと考えられている。ただ、本当に隕石の衝突が恐竜絶滅の直接の原因であるかどうかについては、異論もある。

13.2.2 新生代における哺乳類の適応放散と霊長類

いずれにせよ、恐竜は中生代の末期に絶滅し、地球上にはそれまで恐竜が占めていた生態的地位にぽっかりと穴があいた。これを埋めるように適応放散したのが哺乳類である。哺乳類は、子を胎盤中で安全に育てることができ、恒温性を獲得し、毛によって体温を保つことができるので活動性が高く、また脳が発達して高い知能をもつことができた。

哺乳類はすでに中生代から放散を始めていたが、それは新生代にいたって一気に加速した。モグラのような動物から比較的短時間の間に、ゾウのような巨大な動物、クジラのように海生の動物、そしてコウモリのように空を飛ぶ動物まで、多種多様な種類が生じた。これも適応放散の一例である。

ヒトを含む**霊長類**は、新生代に入ってすぐに出現した（図13.3）。霊長類
primates

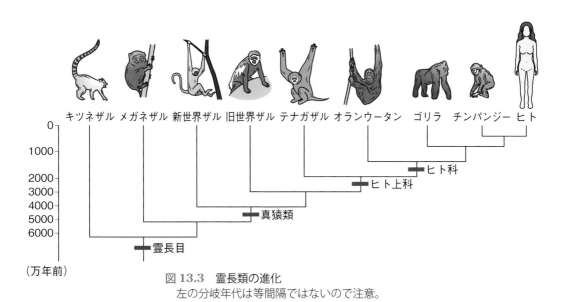

図13.3 霊長類の進化
左の分岐年代は等間隔ではないので注意。

（霊長目、☞ 2.2.3）は哺乳類の中では比較的特殊化の少ないグループである
といわれる。その中でも、ヒトとチンパンジー、ゴリラはきわめて近縁であ
る。ヒトとチンパンジーのゲノムを比較しても、ほとんど同種としてもいい
ほど類似性が高い（違いは 1.44％にすぎない）。

13.3　ヒトの進化とヒトの特性

13.3.1　ヒトの進化

ヒトの祖先がチンパンジーの祖先と分岐したのは 700 万年から 650 万年前
と考えられている。1 章の【発展】で紹介したように、人類の直接の祖先で
あるアウストラロピテクス類のもっとも古い化石（アナメンシス）は 450 万
年前であるので、およそ 200 万年の空白がある。しかし近年、アフリカでよ
り古い化石が次々と見つかった（図 13.4）。今のところもっとも古い化石は
サヘラントロプス・チャデンシス（チャドの生命の希望、という意味）と命
Sahelanthropus tchadensis
名された。図に示すように、その後いくつかの化石が見つかっているが、そ
れらの間の類縁関係はまだ明らかではない。

アウストラロピテクス（南の猿人、の意味。1 章【発展】参照）類は、豊
Australopithecus
富な化石があって、その類縁関係についても種々の推測がなされている。ア
ファレンシスという種は、大いに繁栄し、その発見のきっかけとなった女性
の化石は「ルーシー」とよばれている。

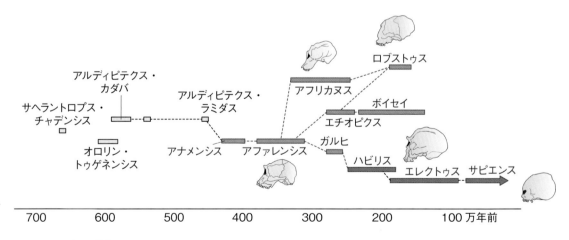

図 13.4　人類の進化
■：アウストラロピテクス属、■：ホモ属。アウストラロピテクス属のうち、ロブストゥスとボイセイをパラ
ントロプス属にすることがある。
（諏訪 (2006)（斎藤他 著）『ヒトの進化』（岩波書店）に基づく。頭蓋骨は坂本 (2009)『理工系のための生物学』（裳華房）より改変）

ホモ属とアウストラロピテクス属の関係は必ずしも明らかでない。図 13.4
ではホモ属がガルヒという種を通じてアファレンシスから由来したように示
されている。またアウストラロピテクスとホモは、少なくとも 100 万年間ぐ
らいは並行して生存していたと考えられる。ホモ属では、ハビリス（器用な
ヒト）、エレクトゥス（直立するヒト）そしてサピエンス（賢いヒト）とい
う順序がほぼ確定している。エレクトゥスの中には、北京原人やジャワ原人
などが含まれ、道具や火を用いたことが知られている。

サピエンスは、およそ 20 万年前にアフリカに起源して、その後ヨーロッ
パやアジアに移住するとともに、海を越えてオーストラリアに、また当時は
地続きであった北米大陸や南米大陸にも広がった。このうち、ヨーロッパの
サピエンスは、当時そこに生息していたネアンデルタール人[*]と若干の交雑
があったという分子的証拠が得られている。日本を含む東アジアには、5 万
年前に到着した。

POINT
ネアンデルタール人

ネアンデルタール人の学名については、
Homo neanderthalensis とする見解と、*Homo sapiens neanderthalensis* とする見解がある。

13.3.2 ヒトの進化と文化、文明

初期の**ホモ・サピエンス**は、エレクトゥスと比較して、より高い文化をもっ
ている。前述のネアンデルタール人は、死者を葬るのに特別な儀式を行った
といわれ、また、簡単な言語を用いたとも考えられている。5 万年前以後に
なると、複雑な石器などの道具が用いられ、その生活様式は格段に進歩した
ことが知られている。現在アルタミラやラスコーの洞窟に残されている壁画
は、**クロマニョン人**という、およそ 2 万年前のサピエンス人によるもので、
その芸術性の高さから、この頃の人類が相当な文明をもっていたことが推測
される。

明確な歴史に残る文明は、いわゆる四大文明（メソポタミア、エジプト、
インダス、黄河）という、それぞれ大きな河の流域に栄えたものが有名であ
るが、この他にも多数の文明が存在し、アメリカ大陸にはアンデスなどの文
明もあった。これらは、1 万年から 5 千年以前に花開いた文明であり、やが
て文字の発明によって歴史が記録されるようになった。

13.3.3 ヒトの特性

ヒトとはどのような生物であるか、それは 15 章の主題でもあるが、ここ
ではチンパンジーやアウストラロピテクスと比較したヒトの特徴を考えよ
う。一般に人類の進化で重要なのは、**直立二足歩行**であるといわれる。アウ
ストラロピテクス類はすでにほぼ完全な直立二足歩行をしていた。なぜ直立

二足歩行が人類の進化で重要か、という点についてはいくつかの考え方がある。直立二足歩行によって手が自由に使えるようになった、それによって脳が発達した、というのが一つの考え方である。また、手が使えるようになったことから、母親がこどもを抱くことができ、保育の期間が延長されて脳の発達期間も長くなったことが重要であるとする説もある（☞ 15.1）。

では脳は進化の過程でどれほど大きくなっただろうか。チンパンジーとアウストラロピテクスの脳容量は 400 〜 500 mL、それに対してホモ・サピエンスの脳容量は 1200 〜 1500 mL で、およそ 3 倍にあたる（図 13.5）。600 万年ないし 700 万年の間に、ある器官の大きさが 3 倍になるということは、生物の進化ではほとんど例がない。ヒトとチンパンジーが、ゲノムのレベルではそれほど大きな違いがないのに、種々の点で明らかに異なっているのは、この脳容量の違いに基づくことは間違いがない。

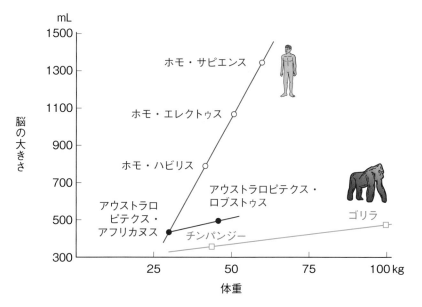

図 13.5　人類と類人猿の脳容量の比較
●：アウストラロピテクス属、○：ホモ属。アウストラロピテクス属とホモ属の体重と脳容量の関係。ホモ属が体重に比して大きい脳をもつことに注意。

もう一つのヒトの特徴は、**言語**の使用である。チンパンジーなどの類人猿もいろいろな方法で情報伝達をするし、ネアンデルタール人が言語を使用したかもしれないことはすでに述べたが、それらはヒトの言語による情報伝達とくらべると、大きな差がある。ヒトがこれほど言語を利用できるようになっ

たのは、大脳皮質の言語野（9 章【発展】）の成立と発達、喉頭部の構造変化（☞ 15.1.2）による明瞭な発声によるところが大きい。ヒトは言語および文字の獲得によって、永続的な記憶や歴史の記述を可能にした。ヒトのもつ倫理的行動や宗教も、これらの能力に基づいている。

【発展】　進化のしくみ－自然選択説

　　1 章で述べたように、西欧では長い間キリスト教の影響で、生物進化の考え方は存在しなかった。ルネッサンス、大航海時代などを経て、人々の考え方の変化や西欧以外の土地からの新しい生物の導入によって、生物種が固定されたものではないことがしだいに明らかになった。しかし、そのことが公に認められることはなかった。

　　18 世紀になると、化石の発見や、地層の研究の進展などから、生物進化の考えも、少なくとも学者の間では広く受容されるようになった。しかし、生物進化を体系的に説明する学者はほとんどいなかった。

　　最初に生物進化に関する理論を唱えたのは、フランスの**ラマルク**であった。
J. B. Lamarck
ラマルクは、生物にはよりよいものになろうとする内在的な力があり、それによって単純なものから複雑なものへの変化が起きたとした。また、ある個体が獲得した性質が次の世代に伝わる*ことで、しだいに新しい性質が生じるとした。

　　19 世紀に**ダーウィン**は、ビーグル号という軍艦で世界を旅行して種々の
C. Darwin
生物を観察し、また多くの化石を採集した。イギリスに帰国後、長い年月の思索の後に「自然選択説」に到達した。その主要な点は以下の通りである（図 13.6）。

　　同じ種の個体どうしでも、少しずつ性質が異なっている。背の高さとか足の速さを考えればよい。一方、どの生物種でも、親は過剰の子を産むが、産まれた子がすべて成体になるわけではなく、普通は種の個体数は一定である。それは、同じ種の個体どうしで、食料などをめぐって厳しい争いがあるからである。少しでも優れた性質をもつ個体が生き残る機会が多くなり、そのような個体が次の世代を残す可能性が高い。次の世代は同じ性質をもっているので、しだいにその種の中にはその性質をもつ個体が多くなる。このようなことが長い年月にわたってくり返され、その種の性質が変化して、新しい種が生じる（種の起原）。自然による優れた（環境に適した）性質の選抜をダーウィンは「自然選択」とよんだのである。

POINT
獲得形質遺伝

獲得形質の遺伝は、くり返しその可能性が主張されてきたが、遺伝情報の「セントラルドグマ」（6.2.3）に基づいて現在では否定されている。

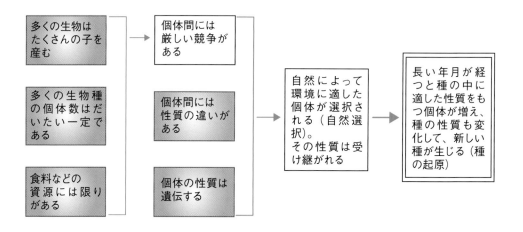

図 13.6　ダーウィンの自然選択説の概略
ダーウィンが自然選択説による種の起原を
思いついた事実（桃色）と推論。

　ダーウィンの考えは、すぐにキリスト教からの激しい攻撃に出会ったが、しだいにその考えが支持されるようになった。20世紀の遺伝学、分子生物学、生態学、発生生物学などの興隆は、ダーウィンの考えを確かなものにしたが、一方でいろいろな点で変更ももたらした。たとえば、遺伝子レベルの変異は必ずしも自然選択にかからないこと、ダーウィンはすべての進化的変化はゆっくりしたものだと主張したが、実際の生物進化にはしばしば急激な変化が生じること、などである。しかし、ダーウィンの生物進化に関する自然選択説は、その発表から150年を経ても、基本的に重要な概念である。

　現在の進化に関する考え方の中で重要なのは、**生殖隔離**ということである。
reproductive isolation
新しい種を生じることを種分化という。種分化では祖先種が複数の種に分かれるが、それにはまず種の中に、互いに生殖によって交雑しない（遺伝子を交換できない）個体群が生じることが条件となる。これが生殖隔離である。
　生殖隔離の機構としては、例えば種の生息域のどこかに山脈や海峡が形成されて地理的に隔離される、生殖の際の行動様式に違いが生じて生殖できなくなる、生殖の時期（季節）が異なることで生殖できなくなる、などの原因が考えられる。
　こうして隔離された集団の中では異なる遺伝子の変異が蓄積して、やがて異なる種へと分化するのである。

14章 ヒトをとりまく環境はどのようになっているか

ヒトは地球上の広い範囲に生息している。もちろん他の生物の中には、ヒトが住めないような過酷な条件のところに生息するものもいる。しかしヒトぐらいの大型動物で、ヒトほど種々の環境下に生息している例は少ない。ヒトは、前章で述べたような特性をもっていて、寒冷、暑熱、乾燥などの悪条件を克服して生息範囲を拡げてきた。一方で、ヒトが環境との関係を完全に断ち切って生きていくことができないのも事実である。本章では、ヒトが環境とどのような関係にあるか、そもそも環境とはどのようなものであるかを考えよう。

また、ヒトは地球全体を含む、大きな物質やエネルギーの循環の中で生きている。このような循環は、微妙なバランスの上に成り立っていて、わずかな撹乱が起きても全体に影響する。私たちはまだその全体像を把握することはできないので、人間の活動が環境に与える影響の大きさも推測することが難しい。ヒトは環境とどのように関わっていて、その関わりの中でなにに気をつけなければいけないか、それも本章の重要なテーマである。

14.1 環境とニッチ

環境というのは、ある生物をとりまく生物的および非生物的状況のことである。生物的というのは、いうまでもなくえさとなる生物、捕食者、配偶者、寄生生物や病原生物、また、植物の受粉を助ける媒介者など、多くのものをあげることができる。すぐ近くにいる生物でも、その生物にとって無関係な生物は、環境に含めない。非生物的環境としては、太陽光、温湿度、大気の組成、水分、土壌の成分などの物理的・化学的要因を考えることができる。ある生物の生存や増殖に影響を与えるこれらの要因の総体を「**ニッチ**[*]」とよぶ。

ニッチは、生態学では重要な概念である。異なる生物種が、同じニッチを占めることはほとんどない。もし2種が同じニッチの中にいると、食料などをめぐって激しい争いが起こり、少しでも優勢な生物が他方を駆逐してしまうからである。また、ニッチは固定的なものではない。地球上の気候や地勢

POINT
ニッチ

ニッチまたはニシェ（niche）は、もともと生態学の用語であるが、現在は幹細胞の性質を決める周囲の環境などもさすように、拡大されている。

は変化するし、生物相も場合によってはかなり変化する。このようなニッチの変化に適応できない種も衰退する。逆に、ニッチの変化に対応できるように変化する種があるからこそ、前章で述べたような進化が起こるのである。

　ヒトも含めてあらゆる生物の環境を考えるときには、種々の物質が地球とその大気の中でどのように循環しているかを知る必要がある。そのような循環には、食物を中心にしたつながりも関係している。

14.2　食物連鎖と物質循環

14.2.1　食物連鎖

　食物連鎖という用語は、中学校以来学習している。ある生態系に属するすべての生物は、栄養段階とよばれる食物をめぐるいくつかの段階のどれかに参加している。すべての生物は栄養分を必要とする。太陽光エネルギーと無機物（二酸化炭素や水）から有機物である栄養分を合成することのできる生物は**生産者（独立栄養生物）**とよばれる。自分では有機物を合成できず、他の生物を摂食して栄養分を取り入れる生物を**消費者（従属栄養生物）**とよぶ。食物の摂取は、同時に化学結合に蓄えられたエネルギーの移転を伴う。

　図14.1に、簡単な食物連鎖を示している。高次栄養段階の中では、何段階もの連鎖が見られる。クモやカエルはヘビやノスリに摂食されるからであ

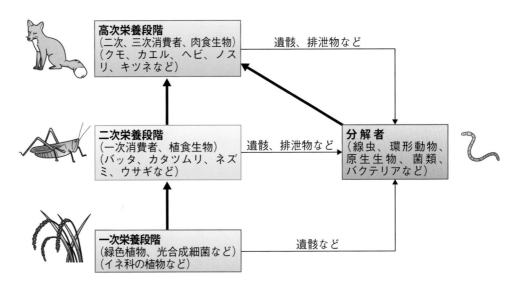

図 **14.1**　食物連鎖
太い矢印は、えさとなることを示している。

る。またこれらの関係は一直線ではなく、網状になっているので**食物網**とよばれることもある。**分解者**は、文字通り生物の遺骸や排泄物を分解してそこから栄養分とエネルギーを得ている生物である。

食物連鎖では、一次**栄養段階**、二次栄養段階と、段階を上がるにつれて一般的に個体は大きくなり、かつ数が減少する。これは栄養ピラミッドとよばれる。また、各段階に含まれるエネルギーも下位の方が大きい。たとえば、北米のある草原での見積もりでは、生産者の個体数を 100 とすると、一次消費者の個体数は約 12%、二次消費者の個体数は 6%、三次消費者の個体数は 0.00006% にすぎない。

食物連鎖は複雑なネットワークを形成しているので、ある生物の個体数が減少したり急激に増加したりすると、思いがけない他の生物の個体数が変動することもある。人間の活動で生物の個体数が変化することはよく見られることで、このようなときも、別の生物に影響を与えることを注意深く予測しなければならない。

14.2.2　光 合 成

POINT
光合成をするバクテリア

光合成をするバクテリアは、シアノバクテリア（ラン藻）とそれ以外（紅色硫黄細菌など）であり、前者は酸素を発生するが、後者はしない。

食物連鎖の出発点は、**光合成**によって有機物を産生する**緑色植物**やシアノバクテリア*、**光合成バクテリア***である。とくに緑色植物は、大きなウエートを占めている。緑色植物における光合成の過程を見てみよう。

光合成は植物の葉の細胞にある**葉緑体**で行われる。葉緑体の内部には**チラコイド**という円盤状の構造物が積み重なって**グラナ**という構造になっている（図 14.2）。光合成はこのチラコイドとその周囲のストロマで行われ、以下の三つの過程からなる。

（1）太陽光のエネルギーを捕集する過程。

（2）光エネルギーを用いて、ATP や NADHP を産生する過程。

（3）ATP と NADPH を用いて、大気中の CO_2 を固定する過程。

この全過程は、

$$6\,CO_2 + 12\,H_2O + 光エネルギー \longrightarrow C_6H_{12}O_6 + 6\,H_2O + 6\,O_2$$

表すことができる。つまり、二酸化炭素と水と光エネルギーを用いて、糖質と水と酸素を産生するのである。

上記の（1）と（2）は主としてチラコイドの膜で進行する。膜には**光エネルギー**を捕集する特別な装置があり、**クロロフィル**という色素が光を吸収して電子が励起される。電子は光化学系とよばれる経路を通って受け渡され、その過程で水素イオン（H^+）がチラコイド内部に集積する。その濃度勾配

14章

ヒトをとりまく環境はどのようになっているか

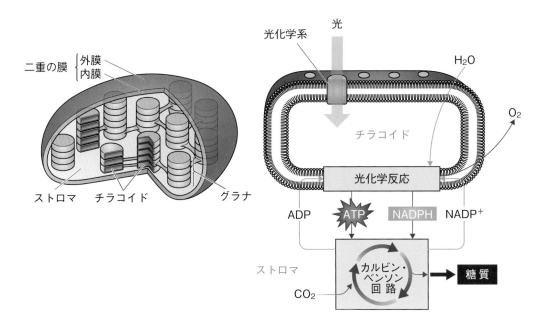

図 14.2　葉緑体（左）と光合成反応（右）
　光合成は葉緑体中で起こり、光化学反応とカルビン・ベンソン回路の 2 段階からなる。

によって H^+ が膜を通過するときに ADP を ATP に変換する。また、この過程で NADPH が生成する。この反応は光に依存するので、**光化学反応**または**明反応**という。
photochemical reaction
light reaction

　光合成の第二段階は、**カルビン・ベンソン回路**という一連の反応である。
Calvin-Benson cycle
この過程は光とは無関係に起こるので、**暗反応**とよばれる。ここでは 3 分子
dark reaction
の二酸化炭素が、リブロース -1,5- ビスリン酸と結合して、**ルビスコ**という
RuBisCo
強大な酵素の触媒によって 6 分子の 3 ホスホグリセリン酸となり、その後
ATP と NADPH を用いてグリセロアルデヒド -3- リン酸が生成する。ここから解糖系の逆反応で、**グルコース**や**スクロース**などの糖質が生じる。グリセ
glucose   sucrose
ロアルデヒド -3- リン酸の一部はさらに ATP を用いてリブロース -1,5- ビスリン酸となるので、この回路は CO_2 や ATP、NADPH があれば、回り続けることができる。グルコース -1- リン酸が重合すると、植物の貯蔵糖質であるデンプンが生じる。

14.2.3　炭素循環

　次に、地球上における炭素と窒素の循環を考えてみよう。これらの物質は、大気、海中、地表、地中をめぐっている。
　炭素は生物の体をつくる中心的な物質である有機物の主要な構成成分であ
carbon

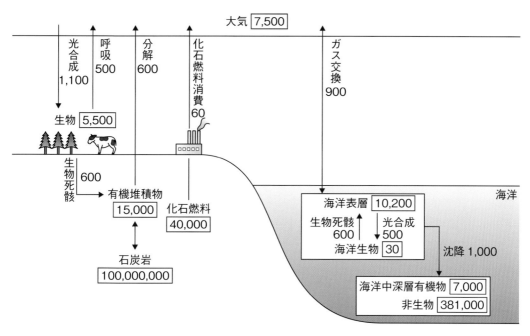

図 14.3　炭素循環
大気圏、海洋、陸上における炭素の循環。四角内の数字
は存在量（億トン）、矢印の数字は移動量（億トン/年）。

る。上述のように植物によって大気中の二酸化炭素が固定されて有機物が生
じる。有機物は植物自身の呼吸や従属栄養生物の呼吸によって二酸化炭素に
変化して大気中に放出される。また分解者の働きによっても二酸化炭素を生
じる（図 14.3）。

地中には膨大な有機物が存在する。また生物の炭酸カルシウムを含む殻な
どが堆積した石灰岩の形で、きわめて多くの炭素が存在する。これらの炭素
は、そのままでは循環に参加しないが、人間が化石燃料などを燃やすと、二
酸化炭素が大気中に放出される。それが現在問題となっている温室効果ガス
として作用する（☞ 14.3.2）。

14.2.4　窒素循環

大気の 80% は**窒素**である。窒素は大気、土壌、水圏を循環し、また食物
連鎖の中にも出入りする。

動植物は気体の窒素 (N_2) を利用することはできない。気体の窒素は 3 本
の共有結合でつながっていて、動植物はそれを切断する酵素をもたないから
である。しかしある種のバクテリアはそのような酵素をもっていて、窒素を
アンモニウムイオン NH_4^+ に変換する。植物は根からこのイオンを吸収して、

代謝系に取り込むことができる。こうして窒素は食物連鎖の中に入る。また、アンモニウムイオンを硝酸イオンNO_3^-に変換する土壌バクテリアも存在し、硝酸イオンも植物によって利用される。生態系に入った窒素は、分解者であるバクテリアによってふたたび気体窒素に変換されて大気中に放出される。

14.3　環境とヒトの関わり

14.3.1　作用と反作用

環境は、そこに生息する生物に大きな影響を与える。このような働きを「作用」という。一方、生物もいろいろな形で環境に影響を与える。これは「反作用」とよばれる。近年問題になっている人間の活動による種々の環境変化*は、反作用である。人間が環境に与えている影響として重要なものは、温暖化、熱帯雨林の縮小、砂漠化、大気汚染、オゾン層の減少、生物多様性の低下など多岐にわたっている。

私たちは今、このようないわゆる環境問題を真剣に考え始めている。多くの政治家や学者が頻繁に環境問題に関する国際的会議を開催し、いろいろな取り決めをしている。しかし、多くの場合に、国家間の利害の衝突や、経済的理由によって、解決策はきわめて妥協的なものにならざるを得ない。いくつかの問題は、その解決が人類の生存にとっても不可欠であることを、すべての人々が認識しないと、環境問題の解決は前進しない。その基礎として、現状を科学的に把握する必要があることはいうまでもない。

14.3.2　温　暖　化

前述した化石燃料の消費によって大気中に排出される二酸化炭素は、地球から宇宙に放出される熱を遮り、地球を温室の中にある状態にするので、「温室効果ガス*」とよばれる。温度のわずかな上昇も地球規模の気候変動、
greenhouse effect gas
海面の上昇、生物の分布の変化、農作物の収量の変化をもたらす。

それでは実際に地球の平均気温は上昇しているのだろうか。「気候変動に関する政府間パネル（**IPCC**）」の 2013 年の報告によると、20 世紀に気温は
Intergovernmental Panel on Climate Change
約 0.74℃上昇した。そして同じ報告書は、2100 年までに 1.8℃ないし 4℃（最大で 6.4℃）上昇すると予測している。

温暖化が、二酸化炭素などの温室効果ガスのみに起因するのか、現在が地
global warming
球の温暖化の時期にあるためなのか、という問題は簡単には答えが得られな

POINT
人新世

現在は地質時代区分では、新生代の完新世である。近年、人間が環境に大きな影響を与えて、生態系などが大きく変化しているので、この時代を「人新世」とよぶ学者がいる。

POINT
温室効果ガス

温室効果ガスとしては二酸化炭素の他にオゾン、メタンなどがあるが、総量としては二酸化炭素の効果がもっとも大きいと考えられている。

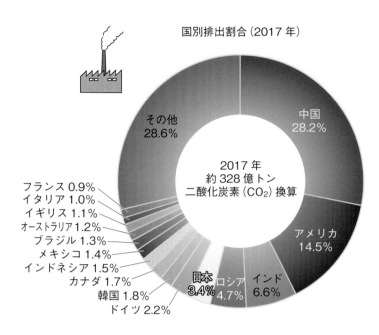

国別排出割合（2017年）

2017年
約328億トン
二酸化炭素（CO₂）換算

その他
28.6%

中国
28.2%

アメリカ
14.5%

フランス 0.9%
イタリア 1.0%
イギリス 1.1%
オーストラリア 1.2%
ブラジル 1.3%
メキシコ 1.4%
インドネシア 1.5%
カナダ 1.7%
韓国 1.8%
ドイツ 2.2%

日本
3.4%

ロシア
4.7%

インド
6.6%

図 14.4　二酸化炭素の国別排出量（2017年）
温室効果ガスとして知られる二酸化炭素の排出量。
（環境省の資料より）

い。しかし多くの科学者は、温暖化のかなりの部分は温室効果ガスのせいであると考えている。2017年の国別二酸化炭素排出量では、中国が28％、アメリカが15％と、合わせて43％を占めている（図14.4）。とくに中国は、2000年には12％であったものが、17年間に16ポイント上昇した。世界全体での排出量は2000年が230億トンであったのに対し、2017年には328億トンに増加している。世界的に二酸化炭素排出抑制の方策が考えられていても、政治や経済のいろいろな問題が複雑に絡み合って、すぐに排出量削減とはならないのが現状である。

14.3.3　熱帯雨林の縮小と砂漠化

　人間の営みが地球環境に影響を与える例のうち、わかりやすいのは、樹木の伐採による森林の減少と砂漠化である。熱帯には、きわめて多様な生物相をもち、また地球上における酸素のかなりの部分を供給する雨林が広がっているが、木材の採取、耕地への転換などによって、毎年日本の国土の40％に相当する森林が失われているといわれる。とくにアマゾン川流域などで著しい。かつては地表の15％ほどを占めていた**熱帯雨林**が、現在では6％に減少したと見積もられている。熱帯雨林の縮小は、生物多様性にも影響する。
tropical rain forest

　砂漠化は、アフリカやアジアの一部で進行している。草原や森林の再生力
desertification
を超えた放牧や伐採、耕地への転換などが主な理由である。砂漠化には気候の変動も関係していて、上記の温暖化が砂漠化を加速すると考えられている。

14.3.4　大気汚染とオゾン層の減少

　大気汚染は、どちらかといえば先進国、工業国の問題である。日本でも1960年代から、四日市喘息などのいわゆる「公害」とよばれる、ヒトの健
ぜんそく
康に直接影響を与える大気汚染事件があった。近年では、中国の排気ガスや

14章

ヒトをとりまく環境はどのようになっているか

工場からの排煙による大気汚染が問題になっている。大気汚染に関わる主要な化学物質は二酸化炭素、メタン、窒素酸化物などで、様々な微粒子も汚染物質として、健康被害をもたらす。

オゾンは、本来強い酸化力をもっていて、それ自体が大気汚染物質であるが、一方、大気圏の地表から 10 ～ 50 km にはオゾンの集積した層があり、**オゾン層**とよばれる。オゾン層は太陽の紫外線を吸収して、地表に到達する
ozone layer
紫外線を減らしている。とくに生物にとっては有害な波長の短い紫外線は、ほとんどがオゾン層で吸収される。

オゾンは塩素原子があると分解される。成層圏では分解と合成が釣り合っているが、人間が冷蔵庫などの冷媒として用いるフロンなど、塩素を含む化合物が大気中に排出されると、これが成層圏に達してオゾン層を破壊する。その結果、紫外線の地表への到達が増加し、皮膚がんなどが増えることが懸念される。とくに近年、南極上空のオゾン層にはオゾンホールとよばれるオゾンの少ない領域が存在する。ただし、フロンの使用規制が進み、オゾンホールはあと数十年で消滅するという予測もある。

14.3.5　生物多様性の低下

地球上にどれほどの生物種が生息しているかは、正確にはわからない。現在までに公式に登録されている種の数でさえ、150 万種とも 300 万種ともいわれる。しかも私たちがまだ知らない種は、その数十倍に上るかもしれない。とくに微生物や線虫類などは、手近な土壌を丹念に調査すれば必ず新種が見つかる、とさえいわれている。

これらの生物は、前述した食物連鎖などによって複雑に関係している。ある種の絶滅が思わぬ種の絶滅につながることもあるかもしれないし、ある種の絶滅が別の種の爆発的な増殖をもたらすこともあるだろう。このようなことから、生物多様性の保護は、現在の人類の喫緊の課題といわれる。また、生物多様性の保護は、生物からヒトにとって有用な物質を得るためにも、重要であると考えられる。

現在は、生物の絶滅の時代であるといわれる。実は、生物の絶滅は過去の歴史でも常に起こっていたし、とくに地質時代の境界では、ほとんどの種が絶滅するといった、いわゆる**生物大絶滅**＊が何回も起こっている。現在起こっている絶滅の特徴は、それが人為的にもたらされていることである。

人間によって生物の多様性が失われる例は、枚挙にいとまがない。先に述べた熱帯雨林の減少では、大規模な絶滅が起こっているに違いない。身近な

POINT
大絶滅

古生代－中生代の境界では海洋生物種の 95% が絶滅した。

ある地域に他の地域から侵入した、あるいは持ち込まれた種を外来種（特定外来生物）という。外来種はときに、もとからいる固有種を駆逐して生態系に影響を与えることもある。日本でもカダヤシ、ミシシッピアカミミガメ、セイタカアワダチソウなど、多数が知られている。

例としては、琵琶湖などにおける**外来種**[*]のブラックバスの放流が、生態系を著しく乱して、在来種、固有種を絶滅に追いやっていることが知られている。

国際自然保護連合（**IUCN**）は、絶滅に瀕している動植物のデータを公開している（**表14.1**）。それによると、調べられた脊椎動物の約25000種のうち、5700種あまり（約22%）が**絶滅危惧種**であるという。IUCNは、人間の活動による絶滅は、自然絶滅の100倍から1000倍に上ると指摘している。

私たちは、現在の私たちがよりよく生きるためにも、また後の世代に豊かな自然と生物多様性を残すためにも、持続可能な社会ということを常に心にとめておかなければならない。

表14.1　絶滅のおそれの高い種（絶滅危機種）の数

分類	CR：近絶滅種	EN：絶滅危惧種	VU：危急種	合計
動物	3,265	5,108	6,362	14,735
哺乳類	222	532	545	1,299
鳥類	225	461	800	1,486
爬虫類	310	564	532	1,406
両生類	610	993	673	2,276
魚類	616	962	1,271	2,849
無脊椎動物	1,282	1,596	2,541	5,419
植物	3,520	6,557	7,430	17,507
その他	26	67	106	199
合計	6,811	11,732	13,898	32,441

国際自然保護連合（IUCN）のレッドリスト（2020年版）より
国際自然保護連合のリストでは、近絶滅種、絶滅危惧種、危急種を合わせて絶滅危機種とよんでいる。

【発展】　生態系の遷移

ある生物が生息する地域を「生息場所」とよぶ。生息場所の環境（ニッチ）は常に変化する。この変化を「**遷移**」という。生物は常にその生息場所を変えるし、環境の物理的・化学的状況も変化するからである。

一般に遷移はきわめてゆっくりした変化で、私たちの眼前で展開することは少ない。しかし、たとえば、氷河が溶けた後の岩石地帯や、火山の爆発による溶岩流などでほとんどすべての生物が排除されたような地域では、典型

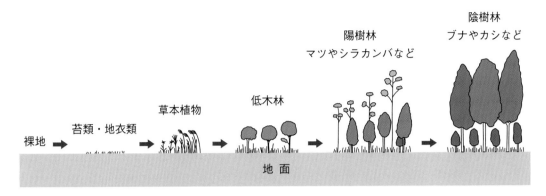

図14.5　一次遷移
左から右に時間が経過する。ここでは植物相の遷移だけを示している。
二次遷移は草本植物や低木林の段階から始まる。

的な遷移が観察できる（図14.5）。このような地域には植物が生育する土がないので、植物が存在せず、したがって従属栄養生物も存在できない。このような地域に最初に住みつくのは、ごくわずかな栄養分があれば成育できるコケや背の低い灌木などである。これらの生物が死滅するとそこに栄養分を含んだ土が生じ、しだいに大型の植物が生育できるようになる。動物としては、これらの植物を摂食する一次消費者、ついで肉食動物である二次、三次消費者が移住してくる。このように、最初はほとんど生物が存在しない状態からの遷移は、**一次遷移**とよばれる。ただし、現在の私たちの周囲では、厳
primary succession
密な一次遷移はほとんど見られない。

　もともと動植物が生息し、土壌も存在する地域の、主要な動植物が失われたような場合にもその後遷移が起こる。これは**二次遷移**という。たとえば宅
secondary succession
地造成のために林などを切り払って放置された土地や、山火事で大型の植物が消失したような場合である。このようなところでは、わりあいすぐに多年草が進入する。

　地球上の多くの地域で、一次遷移でも二次遷移でも、草本が生育するようになると、やがて**陽樹**とよばれる、マツやシラカンバなどの木が、そして最
sun tree
後に**陰樹**とよばれるブナやシイ、カシなどの背の高い木が茂ることになる。
shade tree
このような状態を「**極相**（クライマックス）」とよび、遷移の最終段階とさ
climax
れる。ただし、極相に達した地域でも、当然環境の変化に伴って植生などは変わるし、それに伴って動物相も変化する。

15章 ヒトはどのような生き物か

これまで生物の種々の性質、特徴について解説してきた。ヒトも含めて生物の特徴の一つは、「共通性と多様性」である。ヒトは、他の生物と共通した多くの性質をもっている。2章で述べた生物の性質はすべてヒトにもあてはまる。これが共通性である。一方、ヒトには、ヒトにしかない性質もある。それを数え上げることはとても容易である。こうしてヒトについて考えることも、それを学ぶこともヒトにしかできない。チンパンジーはかなりの知能をもっていて、教えられたことをよく実行するし、ある程度の道具を使うこともできる。それでもチンパンジーは文字を書かないし、読むこともない。

13章で、ヒトがチンパンジーから分岐した後のおよその進化について述べた。この間にヒトが獲得した（あるいは失った）いろいろな形質がヒトとチンパンジーを区別することはいうまでもない。本章ではまずそのような形質について考え、ついでヒトという種がどのような特性をもっているかについて考察しよう。

15.1 脳の発達に基づく性質

15.1.1 脳容量の増大と脳の構造変化

チンパンジー、アウストラロピテクス類とヒトの脳についてはすでに述べた（☞13.3.3、図13.5）。数百万年の間にある器官（脳）が3倍になるという、進化ではめったに見られない現象によってヒトの脳は、哺乳類の中でも特異な存在になった。

しかし、実は人類の進化は脳の増大によってのみもたらされたのではない。ピルトダウン化石（1章【発展】）のところで述べたように、脳の増大がヒトへの進化の最初の出来事であるという思い込みが、にせ化石の事件に導いた。おそらく、ヒト化への第一歩は、やはり、**直立二足歩行**であり、それによって手が自由に使えるようになったことが重要だと考えられている。

本当の脳の発達は15万年から10万年前のきわめて短い期間に起こった。そして、10万年前から現在に至る文化や文明のこれだけの発達にもかかわ

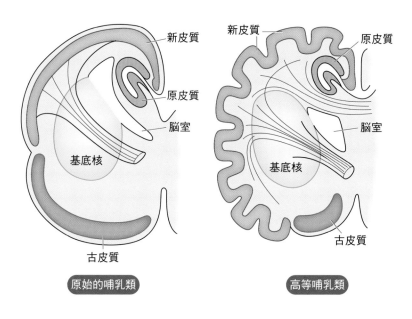

図 15.1　哺乳類の新皮質の発達

らず、最近 10 万年間に脳は大きくなっていない。このように、脳の増大は、ヒトの進化と性質の獲得に重要であったとはいえ、それだけでヒトの性質を説明できるわけではない。

　脳容量の増加とともに、脳の構造変化も重要であった（図 15.1）。**大脳皮質**には、**古皮質**と**新皮質**があり、古皮質はどちらかといえば本能的な
cerebral cortex　　　paleocortex　　neocortex
行動を、新皮質は知性、理性、時間などの概念を司る。したがって皮質の表面積に対する新皮質の割合は、このような精神活動の発達と相関する。ヒトでは、新皮質の発達がきわだって高い。このことが、ヒトの様々の特性に深く結びついている

15.1.2　言語と道具の使用

　ヒトが**言語**を使用できるようになったことは、ヒトの独自の進化に重要で
language
あった。ヒトがいつから言語を使用できるようになったかを正確にいうことは難しいし、言語もいろいろな段階を経て発達したと思われる。最初はごく単純な音で意思を伝え、しだいにそれが複雑な音と文法を伴うようになったであろう。

　チンパンジーとヒトの**喉頭**部を比較すると、チンパンジーでは口腔と喉頭
larynx
部が滑らかにつながっているのに対して、ヒトではおよそ 90° の角度をなしている（図 15.2）。また喉の奥の軟口蓋とよばれる部分と喉頭蓋の間（図 15.2 の赤い線で表す）がチンパンジーに比較すると長くなっている。喉頭蓋

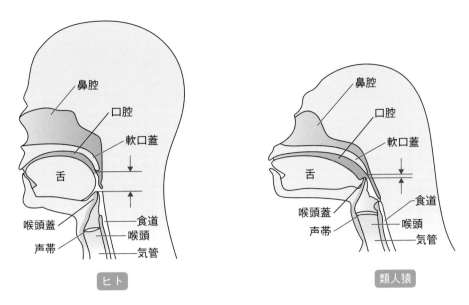

図 15.2 ヒトと類人猿の喉頭部の構造
ヒトと類人猿の大きな違いの一つは、言語の利用である。
それには、喉頭部の解剖学的な違いが関わっている。

は食べ物が気管に入らないようにしているふたである。このような喉頭部の構造の変化が明瞭な発音をもたらし、また様々な音声を可能にした、と考えられている。

しかし発声ができるだけでは、言語を使えることにはならない。言語は脳の働きを必要とする。ヒトの新皮質には、言語を司る領域が複数存在するが、チンパンジーにもそれに相当する領域はあり、チンパンジーが鳴き声で連絡するときには、**ブローカ野***（9章【発展】）とよばれる言語領域が活性化<small>Broca's area</small>されているという研究もある。その意味で、言語に関する脳の働きはヒト以前から用意されていたと考えることもできる。この分野は今後も研究が進むであろう。

3代にわたって言語障害をもった家族の遺伝子の研究から、*FOXP2* という遺伝子が言語の使用に重要であるという結果が得られている。この遺伝子は多様な機能をもつので、完全に欠損すると致死的である。*FOXP2* の機能が損なわれると、ブローカ野などの言語関連領域の活動が低下するといわれる。ただし、*FOXP2* は、ヒトの言語にとってのみ重要なのではなく、鳴鳥が歌の学習をするのにも必要であるし、対立遺伝子の一方の遺伝子を欠くマウスは、幼児期の発声能力が低下する。ヒトとチンパンジーの *FOXP2* 遺伝子産物は、2個のアミノ酸が異なっているが、その違いがヒトとチンパンジー

POINT
ブローカ野

言語中枢としてはブローカ野の他にウェルニッケ野も重要で、それぞれ異なる言語機能を担当している。

の言語能力と関係しているかどうかはわかっていない。今後、このような言語の使用に関係する遺伝子の研究が進んで、言語の起原と発達の過程が明らかになることが期待される。

　道具の使用もヒトの進化では重要であった。その萌芽はサルでは多く見られる。とくにチンパンジーに近縁な**ボノボ**の道具の使用が有名である。カンジと命名されたボノボは、アメリカの大学で長年その学習能力についての研究対象となった。このボノボは人間の会話をよく理解し、200 を超える単語と絵文字を対応させることができた。道具に関していえば、最初は単純な石器をつくっていたが、しだいに複雑で使いやすい石器を製作した。このことは、道具の使用の能力はすでに類人猿にはかなり備わっていたことを示している。

15.2　文化の進化

15.2.1　文化とはなにか

　文化や文明ももちろん脳の働きと密接に関係しているが、ここでは節を分けて述べよう。

　文化という用語を簡単に定義することは難しい。ある生物学者は「行動的方途、とくに教育と学習の過程による、世代を超えた伝達」とした。つまり、文化というものは、ある集団内で形成された行動や慣習、規範が、遺伝的につながるのではなく、教育とその学習によって次の世代に伝わることである。当然そこには言語や文字が重要な働きをする。遺伝子 gene という語に対して、文化を伝える**ミーム** meme という概念も提出されている。ミームも遺伝子と同様に世代を超えて伝わり、またそれ自身が変化する。提案者はミームを「脳から脳へ伝わる文化の単位」とした。現代の社会でいえば、流行などを伝えるのもミームであるし、それは各個人の脳の中に定着して流行に対するあこがれを生み出す。一方でミームは変化するので、流行も変化する。現在ではミーム学という学問分野もある。

15.2.2　文化の起原

　上述の意味での文化はいつどのように成立したのだろうか。これにも確かな解答はない。ただ多くの学者は、ヒトの文化の起原は、動物の行動様式中にあると考えている。一般に動物の行動には、走性行動、本能的行動、習得

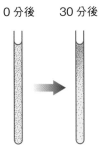

走性 ゾウリムシ（図7.1参照）は、試験管の中で、重力に逆らって上の方に遊泳する。

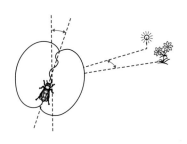

本能的行動 ミツバチは、そのダンスによってえさのある方向を仲間に知らせる。

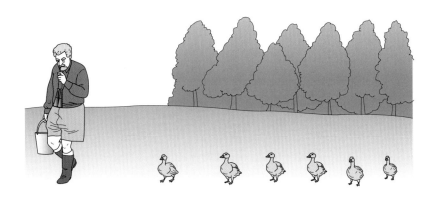

刷り込み アヒルなどは、卵から孵化した直後に見た物体（この図の場合は人）の後を付いて歩く。

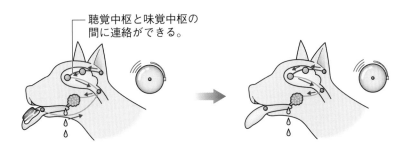

聴覚中枢と味覚中枢の間に連絡ができる。

ベルを聴かせて、食物を与えることを繰り返す（条件づけ）

ベルを聴かせるだけで（条件刺激）、唾液が出る（条件反射）

条件反射 イヌにえさとともにベルの音を聞かせ続けると、やがてえさがなくてもベルの音に反応して唾液を分泌するようになる。

図 15.3 動物の様々な行動様式
走性、本能的行動、刷り込み、条件反射

的行動などが区別されることを、これまでに学んできたと思う（図 15.3）。**走性**は、ゾウリムシが重力に逆らって水面の方に移動するなどの重力走性や、多くの動物が光に向かって移動する光走性がよく知られている。**本能的行動**は、多くの動物で様々な行動様式が知られていて、誰でもすぐにいくつかあげることができるであろう。よく知られているのは、ミツバチが仲間にえさのある方向を教えるダンスや、種々の鳥類の求愛ダンスなどである。多くの動物の行動様式は基本的に、遺伝子によって決定されている本能的行動である。

　習得的行動は、本能的行動との区別が難しいが、生後に出会ういろいろな経験によって本能的行動が誘起されることである。アヒルやガチョウなどのひなが、孵化後最初に見る動くものを親と認識してその後を追う**刷り込み**という行動、食物とともに鐘を鳴らすことをくり返すと、食物がなくても鐘の音だけでも唾液が分泌される**条件反射**などの行動が習得的行動にあたる。いわゆる学習もこの行動様式である。ネズミを迷路に入れてえさのところまで行きつく時間を測定すると、何回もトライするうちに早く行きつけるようになるのは「学習」である。

　これらの行動は、最終的には遺伝子によって規定されている。一方、ヒトの文化は「行動の自由」を伴っている。行動の自由とは、いくつかの選択肢の中からもっとも適したものを選ぶことである。哺乳類、とくに霊長類ではかなりの行動の自由が見られる。行動の自由の生物学的基礎についても生物学的・哲学的議論が多く存在するが、自分が個人であるという自覚、環境の情報収集能力、将来を見通す能力、などが確立して初めて行動の自由は成り立つであろう。人間の文化は、類人猿などが示す萌芽的な文化を基礎として、大脳皮質の発達、言語の使用、幼児期の延長に伴う社会構造の変化などによって、この 10 万年ほどの間に急速に進化し、今では質的にもチンパンジーなどのそれとは異なっている、と考えられる。

15.2.3　倫理と利他的行動

　ヒトの文化の中でもとくに特徴的なのは「**倫理**」である。倫理は、ある集団中の個体が守るべき規範である。倫理は、その集団がより発展し、ひいてはそこに属する個体も利益を得るための行動基準であるが、ときとして集団と個体の利益が反する場合がある。倫理は、そのような場合には集団の利益を優先させるべきだと要求することがある。

　利他的行動はその一部である。多くの生物は自分の遺伝子をできるだけ多

く残そうとする性質をもっている。そのような行動の基礎にある遺伝子は、当然、自然選択によって選択されるからである。それにもかかわらず、動物の中には、集団のために自分を犠牲にする行動が見られる。たとえば、ミツバチの働きバチは、生殖能力がないが、集団のために多くの仕事をする。鳥類の中には、猛禽類が頭上に来たときにまず飛び上がって仲間に危険を知らせる個体がいる。これらの利他的行動については、そのような行動が最終的には自分の遺伝子をより多く残すことに役立っているという解析もある（【発展】参照）。

　一方、ヒトの場合にもそれが成り立つかというと、必ずしもそうではない。仲間の危機を救うために我が身を危険にさらすという行動は、数多く知られている。もしそのような行為が遺伝子によって決定されているのであれば、その遺伝子は次世代に伝えられる可能性が低くなるので、すぐに集団の遺伝子プールから排除されてしまうであろう。おそらくそれは、ヒトのもつ文化の中で、教育や学習によって新たに獲得された新しい行動様式であろう。これは他の動物には見られない、ヒトに固有の性質といってよいであろう。

15.3　ヒトの未来

15.3.1　ヒトという種の寿命と人口

POINT
長命な種

シーラカンスのように、古生代から現世までほとんど形態の変化しない生物を「生きた化石」とよぶ。ただし、シーラカンスも1種が古生代から続いているわけではなく、多くの種が生じては滅んできた。

　一般に、**生物種の平均寿命**は300万年といわれる。きわめて**長命な種***もあるし、もっと短期間で消滅する種も多いに違いない。ヒト *Homo sapiens* という種は、起原後まだ20万年ぐらいであるから、普通に考えればまだまだ先は長いということになる。なぜ種に寿命があるかというと、一つには種の性質を決めている遺伝子に変異が蓄積して、種としての性質が変化することがあげられる。第二に、環境が変化すれば、それに対応できない種は当然滅びることになる。

　ヒトという種がどれほど生存するかについては、このような生物学的な種の寿命の他に、いろいろなシナリオが考えられるだろう。それはヒトが、自分で遺伝子を操作する可能性や、環境を変化させる可能性をもつ生物だからである。

　種としてのヒトは、他の生物種とは異なる進化をとげてきたことを、くり返し述べた。ここでは一例として**世界人口**を考えてみよう。研究者の推定や国連の世界人口白書などによると、1万年前にはおよそ500万人であった人

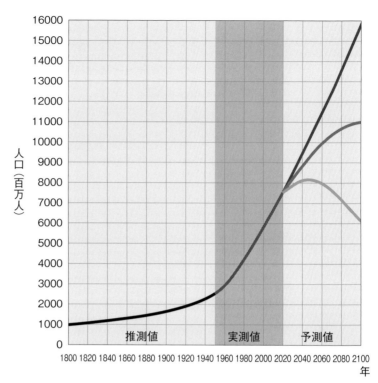

図15.4　人口の推移
　人口は20世紀後半から急速に増加している。将来の動向につ
いてはいろいろな予測がある。（『国連世界人口白書』などより）

口が、その後ゆっくりと増加し、19世紀の初めには10億人に達していた。
その後は図15.4に示すように、漸増を続け、1950年頃から一気に増加率が
高くなった。2020年には77億人に達した。ヒトは地質学的にはほとんど一
瞬ともいえる1万年の間に1000倍以上に増加したわけである。また、200
年の間に個体数が6倍に増える生物は数少ない。もちろん一時的にある生物
が爆発的に増えることはあるが、ほとんどの場合は間もなく定常状態に戻る。
これもヒトという種の特異性を示している。

　ちなみに、図15.4には、学者が予測する今後の人口動態が示されている。
2040年ぐらいまではどの予測でも増加しているが、その後はこのまま指数
関数的に増加するという予測、増加率が鈍るという予測、そして種々の原因
により人口がしだいに減少に向かう、という予測もある。

15.3.2　遺伝子操作と環境改変

　ヒトは、自分で未来を予測できる生物である。そして未来に対して希望や
不安を抱いている。一方ではヒトによる環境破壊が、ヒト自身を含む多くの

生物の寿命を短縮させてしまうのではないかという懸念があり、他方、ヒトはその優れた知識・技術によって困難を克服するだろうという希望的観測もある。現在ヒトがもっている知識・技術で、今後予想される種々の状況にどこまで対応できるだろうか。

遺伝子操作は、現在もまだ急速に進歩している。50年前には予想さえできなかった技術が開発され、ほとんど意のままに遺伝子を操作できるようになっている（6章【発展】）。倫理的理由から、現在はヒトについての遺伝子操作は自由に行えるわけではないが、安全性が確認され倫理的問題がクリアされれば、ヒトについても相当の操作ができるであろう。とくに潜在的にヒトの生存を脅かすような突然変異を除去する操作などは、それほど遠くない未来に実行されるかもしれない。

人口の増加がもたらした重大な問題は**食糧**の不足である。今日なお、世界中では何億人というヒトが食糧不足にみまわれている。そのことが森林の伐採などにもつながって、環境の悪化を招いている。植物に対する遺伝子操作によって、食糧の増産をすることは可能であろう。この場合も、環境に対する安全性の確認が必須である。また前章で述べた環境への負荷は、技術的には今でもかなり改善することができるが、国家間の思惑や経済的問題から、なかなか解決に向かわない。

ヒトが安全に、できるだけ快適に生活し、環境を保全していくために、今一人ひとりになにができるかを、真剣に考えてみなければならない。

【発展】　社会生物学

15.2.3で利他的行動のことを学んだ。利他的行動は、それを実行する個体の遺伝子が次世代に伝わらないので、すぐに集団の中から排除されてしまうと考えられた。ダーウィンは（遺伝子のことは知らなかったが）、利他的行動を自然選択では説明できない難問とした。この問題に解答を与えたのは、**社会生物学**とよばれる研究分野の学者であった。
sociobiology

ミツバチの働きバチ（雌）は、図15.5に示すように、女王バチのこどもを世話することで、自分がもっている遺伝子をより多く次世代に伝えることができるのである。これには、ミツバチの雄が**単為生殖**（交尾によらない生殖）
parthenogenesis
で生じ、一方、働きバチは普通の交尾によって生まれてくる、という事情がある。働きバチは雄と交尾して子をつくるより、自分の姉妹のうちの1匹を女王バチとして子を産ませる方が、自分の遺伝子を多く残すことになる。

　社会生物学は、このように、種々の生物の活動は、結局のところ自分の遺伝子を次世代に伝えることを目的としていることを、遺伝学的、数学的に明らかにした。このような考えでは、主役は遺伝子で、自分が生き残り、より多く集団の中に拡散することを目指していて、その遺伝子をもっている個体は遺伝子を運ぶキャリアーにすぎない。このことから「利己的遺伝子」というselfish gene用語もつくられた。

　社会生物学では、ヒトの活動も例外ではなく、ある規範にしたがって活動する場合も、結局はそのヒトの遺伝子が多く次の世代に残されることを期待している、と考えるのである。すべてのことを利己的遺伝子の考えで説明することには批判も多いが、社会生物学はこれまで謎であった利他的行動に理論的な説明を与えた。

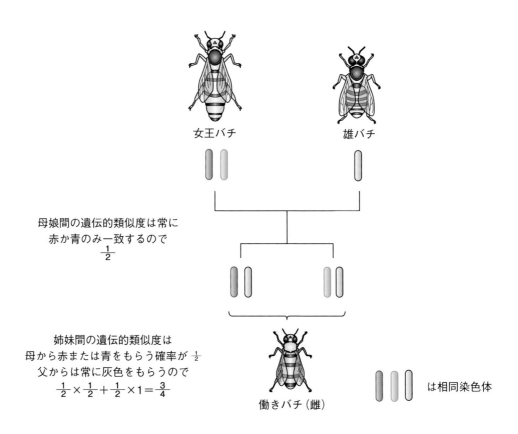

図 15.5　ミツバチの染色体
　母（女王バチ）と娘（働きバチ）の遺伝的類似度は 1/2、姉妹間では 3/4
　になる。したがって働きバチは、自分が子を産むより女王バチがより多く
　の姉妹を産んでくれる方が、多くの遺伝子を残せる。

参 考 書

　本書の内容に沿って、いくつかの参考書をあげた。＊印は、やや高度な内容を含んでいる。読者がさらに学習する参考になれば幸いである。

生物と生物学（1・2章）

　道上達男 著『基礎からスタート 大学の生物学』裳華房 (2019)

　アーリー他 著（池内昌彦他 監訳）『キャンベル生物学』丸善出版 (2018)

　スター他 著（八杉貞雄他 監訳）『スター 生物学』東京化学同人 (2013)

　サイモン 著（八杉貞雄 監訳）『ビジュアル コア生物学』東京化学同人 (2019)

細胞（3章）

　アレン、コーリング 著（八杉貞雄 訳）『細胞－基礎から細胞治療まで』東京化学同人 (2012)

　＊アルバーツ他 著（中村桂子、松原謙一 監訳）『細胞の分子生物学』ニュートンプレス (2017)

生化学、分子生物学、遺伝学（4～6章）

　林 典夫、廣野治子 監修『シンプル生化学』南江堂 (2020)

　坂本順司 著『ワークブックで学ぶ ヒトの生化学』裳華房 (2014)

　＊ワトソン他 著（中村桂子 監訳）『ワトソン遺伝子の分子生物学』東京電機大学出版局 (2017)

動物とヒトの構造と生理学（7～10章）

　八杉貞雄 著『動物の形態－進化と発生』裳華房 (2011)

　ヤング他 著（澤田 元他 訳）『機能を中心とした図説組織学』医学書院 (2009)

　岡 良隆 著『基礎から学ぶ 神経生物学』オーム社 (2012)

免疫学（11章）

　メール 著（山本一夫 訳）『図説 免疫学入門』東京化学同人 (2018)

発生学（12章）

　東中川 徹他 編『ベーシックマスター 発生生物学』オーム社 (2008)

　＊ウォルパート 著（武田洋幸、田村宏治 監訳）『ウォルパート発生生物学』メディカル・サイエンス・インターナショナル (2012)

進化学（13章）

　斎藤成也他 著『ヒトの進化』岩波書店 (2006)

ヒトと環境（14章）

　川合真一郎他 著『環境科学入門－地球と人類の未来のために』化学同人 (2018)

ヒトの本質（15章）

　赤坂甲治 編著『新版 生物学と人間』裳華房 (2010)

索　引

著者略歴

八 杉 貞 雄
（やすぎさだお）

1966 年　東京大学理学部動物学教室卒業
1967 年　東京大学理学系研究科修士課程中退
1967 年　東京大学理学部助手
1989 年　東京大学理学部助教授
1991 年　東京都立大学理学部教授
2005 年　首都大学東京都市教養学部教授（大学改組）
2007 年　帝京平成大学薬学部教授・東京都立大学名誉教授
2009 年　京都産業大学工学部教授
2010 年　京都産業大学総合生命科学部教授
2014 年　同上停年退職　理学博士

主な著書・訳書

「ベーシックマスター　発生生物学」（オーム社, 2008 年, 共著）
「医学・薬学系のための基礎生物学」（講談社, 2009 年, 共著）
「動物の形態」（裳華房, 2011 年）
「スター 生物学」（東京化学同人, 2013 年, 監訳）
「ワークブック　ヒトの生物学」（裳華房, 2014 年）
「ビジュアル　コア生物学」（東京化学同人, 2019 年, 監訳）
「モリス 生物学」（東京化学同人, 2020 年, 監訳）

ヒトを理解するための 生物学（改訂版）

2013 年　9 月 10 日　第 1 版 1 刷発行
2021 年　2 月 25 日　第 2 版 6 刷発行
2021 年　8 月 20 日　改訂第 1 版 1 刷発行
2024 年　2 月 10 日　改訂第 1 版 3 刷発行

検 印
省 略

定価はカバーに表示してあります.

著 作 者　　八 杉 貞 雄
発 行 者　　吉 野 和 浩
発 行 所　　東京都千代田区四番町 8-1
　　　　　　電 話　　03-3262-9166（代）
　　　　　　郵便番号 102-0081
　　　　　　株式会社 裳 華 房
印 刷 所　　株式会社 真 興 社
製 本 所　　株式会社 松 岳 社

一般社団法人
自然科学書協会会員

ISBN 978-4-7853-5242-4

★知識の整理に，試験の対策に，そして生物学を楽しむために★

ワークブック ヒトの生物学

八杉貞雄 著　Ｂ５判／178頁／定価1980円（本体1800円＋税10％）

『ヒトを理解するための 生物学（改訂版）』をよりよく理解できるように，問題を中心に編集したワークブックです．

生物現象を理解し，自分なりのしっかりした考え方を身につけるには，基礎的な生物学の知識が必要ですが，そのためには，ただ教科書を読んで暗記するだけでなく，問題を自分で考えて解いてみる，できるだけ文章にして書いてみる，という作業がもっとも効率的と思われます．

本書の構成は『ヒトを理解するための 生物学（改訂版）』に準拠していますが，自習用としても利用できるように，各章に「主な内容と重点項目」をつけました．この部分を熟読すれば，それぞれの章で何を学ぶのかを十分に理解できると思います．また自分がどの程度理解しているのかを判断できるように，問題には解答，筆記問題には解答例をつけ，さらに参考として解説を付しました．

【主要目次】1．生物学とはどのような学問か／2．生命とはなにか，生物とはどのようなものか／3．細胞とはどのようなものか／4．体をつくる分子にはどのようなものがあるか／5．体の中で物質はどのように変化するか／6．遺伝子と遺伝はどのように関係しているか／7．ヒトの体はどのようにできているか／8．エネルギーはどのように獲得されるか／9．ヒトはどのように運動するか／10．体の恒常性はどのように維持されるか／11．ヒトは病原体とどのようにたたかうか／12．ヒトはどのように次の世代を残すか／13．ヒトはどのように進化してきたか／14．ヒトをとりまく環境はどのようになっているか／15．ヒトはどのような生き物か

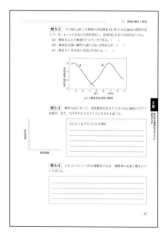
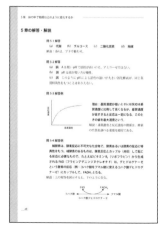

新・生命科学シリーズ

動物の形態 ―進化と発生―

八杉貞雄 著　Ａ５判／152頁／定価2420円（本体2200円＋税10％）

生物が「形」あるいは「形態」をもっていることはいうまでもない．そしてそれが生物の機能と密接に関係していることも，改めて述べるまでもないことのように思われる．しかし，形態と機能の関係，そして形態そのものがどのように生じるか，ということはそれほど簡単に理解されることでもない．生物界に見られる驚くほど多様な形態は，多くの場合長い進化の産物でもあり，またそれぞれの生物の発生過程で次第に構築されていくものである．

本書では，形態の進化と発生をできるだけ具体的な例に基づいて解説する．

【主要目次】1編　形態は生物にとってどのような意味があるか（1．形態とは何か／2．形態の生物学的基礎）　2編　形態の進化（3．脊索動物における形態の変化／4．形態の進化と分子進化）　3編　形態はどのように形成されるか（5．器官形成の原理／6．初期発生における形態形成／7．器官形成における形態形成）
